엄마 심리 수업 2:실전편

아이를 살리는 엄마의 여섯 단어

엄마심리수업 2
실전편

윤우상 지음

심플라이프

엄마 노릇,
정답은 없지만 방법은 있다

『엄마 심리 수업』이 나오고 벌써 2년이 흘렀습니다. 그 책을 읽은 엄마들이 SNS에 남긴 소감을 지인들이 종종 제게 보내줍니다. '대한민국 부모의 필독서' '육아서의 바이블' '단 한 권의 책을 소개하라면 이 책을 추천하겠다' '출생 신고할 때 주민센터에서 나눠줘야 할책' '이 책으로 나의 육아서 여행은 끝났다' '아이를 다시 만나게 됐다. 나를 다시 만나게 됐다' 등등. 정말 고마운 피드백들이라 제 일기장에 옮겨 적은 것들입니다. 당시 책을 내면서 목표가 '이 책을 읽고 100명의 엄마가 책에 뽀뽀를 한다면 그걸로 충분하다'였는데 그 목표를 이룬 것 같아 기쁩니다.

이제 두 번째 책을 세상에 내보냅니다. 제목에 '실전편'이라는 말을 붙였습니다. 『엄마 심리 수업』이 자녀를 바라보는 엄마의 마음과 태도에 대한 총론이라면 이번 책은 방법론을 다룬 각론이라 할 수 있습니다. 방법론이기는 하지만 이때는 이렇게, 저때는 저렇게 하라는 테크닉을 알려주려는 건 아닙니다. 방법론에도 기본 정신, 기본 원칙이 있다는 걸 말하고 싶었습니다.

사실 첫 책보다 쓰기가 서너 배 어려웠습니다. 방법론이기에 수많은 이론이 있고 반대 이론이 있으며, 자칫 다른 전문가들에게 욕을 먹을 수도 있고, 어쨌든 실제 엄마의 행동을 변화시킬 수 있어야 했기 때문입니다. 그럼에도 첫 책에서와 마찬가지로 대한민국 엄마들을 위한 진심만을 담아 썼습니다.

자녀 교육 방법론에는 정답이 없습니다. 정답이 있다면 각 전문가들이 모여서 두어 권의 교과서로 이미 정리했겠지요. 그렇게 할 수 없는 건, 엄마와 자녀 관계는 세상에서 오직 그 둘만의 독특한 관계이기 때문입니다. 마치 사랑은 하나이지만 사람 수만큼 다양한 모습을 하고 있어서 사랑 노래가 수백만 개 있어도 또 나오는 것과 같습니다.

이 책 역시 정답을 줄 수는 없습니다. 답이 있다면 그 엄마가 답이고 그 아이가 답일 것입니다. 답을 줄 수는 없지만 대신 각 방법론의 기본 원리를 알려주려고 애썼습니다. 기본기가 있으면 공부가 훨씬 수월하듯 자녀 교육의 기본을 알면 무엇이 좋고 나쁜지 분별할 수 있고 내 아이에게 맞는 방법을 선택할 수 있기 때문입니다.

이 책의 핵심 주제는 여섯 가지입니다. '기질' '훈육' '공부' '자발성' '대화' '코칭'이 그것입니다. 자녀 교육의 웬만한 문제는 이 여섯 단어에 거의 다 포함됩니다. 주제별로 챕터를 나누어 기본 철학과 원칙을 심리학적으로 살펴보았습니다. 방법론의 기본 원칙을 알고 있으면 이런저런 조언에 흔들리지 않고 중심을 잡을 수 있습니다. 또한 기본을 알고 큰 틀에서 아이를 만나면 엄마의 작은 실수나 사소한 언행은 문제가 되지 않습니다. 엄마가 일희일비하지 않아도 되겠지요.

　이 책을 쓰면서 자녀 교육 관련 책들을 많이 읽어보았습니다. 대부분 도움이 되고 좋은 내용이지만 문제가 될 법한 조언도 더러 보였습니다. 책 내용이 어떤 엄마-아이에게는 도움이 되겠으나 어떤 엄마-아이 조합에서는 역효과를 일으키는 경우가 있기 때문입니다. 문제가 될 우려가 있는 자녀 교육서 내용을 다음과 같이 크게 세 가지로 나눠봤습니다.

　첫째, 엄마가 실천하기 너무 어려워서 오히려 열등감과 죄책감을 불러일으키는 조언. 둘째, 내용은 좋지만 엄마나 자녀의 기질에 맞지 않아서 그대로 따라 할 경우 부작용이 생기기 쉬운 조언. 셋째, 실천하면 오히려 독이 되는 조언.

　그래서 이 책에서는 자녀 교육서가 지닌 일반화의 문제점도 살짝 짚고 넘어가려고 합니다. 책을 읽고 무조건 따라 할 것이 아니라 자기만의 방법을 찾아야 하니까요. 육아서에 적힌 내용이 나와 내 아이에게 맞는지 분별하고 취사선택할 수 있는 안목을 갖추는 데 도움이 됐으면 합니다.

이 책은 '하지 말라'는 말 위주로 진행될 것입니다. 이렇게 저렇게 하라기보다는 이런 거 저런 거 하지 마시라고 많이 부탁드릴 겁니다. 『엄마 심리 수업』을 읽은 분들은 아시겠지만, 아이에게 뭐 하나라도 더 해주기보다는 한 번이라도 손을 덜 대는 것이 중요하기 때문이지요.

그저 엄마 노릇이 조금이라도 편해졌으면 하는 마음으로 썼습니다. 이 책의 여섯 주제에 대해 자기 나름의 철학과 원칙을 가지면 엄마 노릇이 한결 편하지 않을까 기대합니다. 그렇게만 된다면 아이도 훨씬 건강하고 행복해질 것입니다.

2021년 봄

윤우상

기질

2부
훈육

3부
공부

4부
자발성

5부
대화

코칭

엄마의 사랑

1부

기질

1

기질만 알아도
기본은 한다

• •

공격형인가 수비형인가

육아 관련 잡지사에서 원고 청탁이 들어왔다. 엄마의 '롤 모델'에 관해 써달라는 것이었다. 각양각색의 엄마들이 있는데 그중에 어떤 엄마를 롤 모델이라고 콕 집어 말할 수 있을까? 주제가 너무 막연했다. 그래도 생각해보았다. 어떤 엄마가 좋은 엄마일까?

문득 나의 엄마가 떠올랐다. 나는 내 엄마가 정말 좋은 엄마라고 생각하고 살았다. 그런데 가만 생각해보니 엄마가 내게 뭘 해줬는지 딱히 떠오르는 게 없다. 그저 밥해줬고 빨래해줬고… 그리고 뭘 해주셨지? 나를 공부시키지도 않았고 나하고 놀아주지도 않았고 조곤조곤 대화를 많이 하지도 않았는데…. 아무리 생각해도 엄마가 나한테 특별히 해준 게 없다. 그런데 왜 나는 우리 엄마를 제일 좋은 엄마라고 생각하고 살았을까.

자녀 교육에 중요한 요소 중 하나가 기질이다. 자녀의 기질에 따라 교육법도 달라야 하기 때문이다. 자녀의 기질도 중요하지만 엄마의 기질도 중요하다. 축구 선수를 보면 공격수와 수비수가 있다. 공격수는 '액션'을 한다. 스스로 움직이고 결정하고 길을 낸다. 수비수는 '리액션'을 한다. 상대 공격수의 움직임에 따라 반응한다.

엄마도 기질에 따라 공격형이 있고 수비형이 있다. 공격형 엄마는 액션을 하는 엄마다. 목표가 확실하고 그 목표를 달성하기 위해 적극적으로 움직인다. 수비형 엄마는 리액션을 하는 엄마다. 이 엄마는 먼저 움직이지 않고 아이의 움직임에 맞춰 반응한다. 엄마는 자신이 공격형 엄마인지 수비형 엄마인지 알아야 한다. 또한 내 아이가 공격형 기질인지 수비형 기질인지도 봐야 한다.

엄마 기질과 아이 기질의 조합이 중요하다. 엄마랑 아이가 기질이 비슷하면 크게 문제가 안 된다. 엄마 기질과 아이 기질이 상반될 때가 문제다. 특히 공격형 엄마와 수비형 아이의 조합일 때는 갈등이 커지기 십상이다. 엄마는 뚫고 나가라고 하는데 아이는 가만있기 때문이다.

요새 좋은 엄마의 롤 모델로 나오는 타입은 대부분 공격형 엄마다. 축구에서 '공격력'을 강조하듯이 자녀 교육에서 '엄마력'을 강조한다. 육아 서적도 공격형 엄마를 위한 책, 즉 엄마력에 관한 책이 대부분이다. 수비형 엄마 스타일을 강조하는 육아서는 인기가 없다. 욕심 내지 않고 가만있으면 되는 일이라 쓸 내용도 별로 없고 그런 책은 잘 팔리지도 않는다. 공격수 엄마를 위한 책이 대세라 수비수 엄마는 '내가 불량 엄마 아닐까' 싶어 불안하다.

수비형 엄마가 육아서에서 제시하는 공격형 스타일을 모델로 삼으면 참 난감해진다. 수비형 엄마가 수비형 아이 데리고 골 넣겠다고 대들면 그 게임은 질 게 뻔하기 때문이다. 수비형 엄마는 뭘 애써 하려 하지 않고 그냥 엄마 자리만 잘 지키고 있어도 충분하다. 공격형 엄마는 아이 기질과 수준에 맞춰 적절하게 끌고 밀어주는 게 중요하다. 단, 너무 나서다가 엄마 혼자 고립되면 안 된다. 자기 기질을 잘 알고 아이 기질을 잘 살펴서 아이에게 맞추면서 조금씩 이끌고 받쳐주어야 한다. 그게 제일 좋은 엄마다.

돌아보면 우리 엄마는 틀림없는 수비형 엄마다. 나는 공격형 기질은 아니었다. 잘해야 미드필더 정도였을까. 엄마는 나를 뒤에서 받쳐주었지만 내가 하고자 하는 것을 말리지도 않았다. 수비형 엄마 스타일대로 미드필더 아들을 맘껏 뛰어다니도록 그저 놔두고 받쳐주었다. 그런 든든한 엄마를 믿고 나는 운동장을 누볐던 것 같다. 그래서 우리 엄마를 세상에서 제일 좋은 엄마로 생각하고 살았나 보다.

코칭, 훈육, 공부, 자존감을 좌우하는 것

자녀 교육에 영향을 미치는 제일 중요한 단어를 하나 뽑으라면 나는 '기질'이라는 단어를 뽑겠다.

　부모들이 고민하는 자녀 교육의 핵심 주제는 이런 것들이다. 어떻게 코칭하고 훈육할 것인가? 아이의 공부에 어떻게 도움을 줄 것인가? 아이의 자존감을 어떻게 살려줄 것인가? 즉 코칭, 훈육, 공부, 자존감으로 요약할 수 있다. 이들 주제를 다룬 자녀 교육서들이 많다. 하지만 어느 것도 정답이라고 할 수 없다. 그 이유는 부모마다 아이마다 기질이 다르기 때문이다. 기질에 맞지 않는 방법을 적용하면 후유증만 생긴다. 책에서 제시한 조언을 무조건 따라 하기 전에 그 방법이 엄마인 나와 아이에게 맞는지를 먼저 판단해야 한다. 그렇기에 우선 나와 아이의 기질을 알아야 한다.

기본 틀: 도전과 응전

기질은 원초적인 두 가지 틀로 나눌 수 있다. '도전과 응전'이 그것이다. 도전은 나서서 싸우는 것이고 응전은 상대의 공격에 대응하는 것이다. 그 둘의 특징은 다음과 같다.

도전	응전
공격형	수비형
외향적	내향적
액션	리액션
모험	안전
나섬	들어감
욕심 많음	욕심 없음
자기 주장	남의 주장
외적 호기심	내적 호기심
영토 확장	영역 보존
번식	생존

도전은 싸우는 힘이자 영토를 확장하는 힘이고 에너지를 밖으로 쏟는다. 응전은 지키는 힘이고 영역을 보존하는 힘이고 에너지를 안으로 쓴다. 복싱으로 따지면 인파이터와 아웃복서다. 인파이터는 상대를 KO로 이기겠다는 욕심이 많다. 화끈하고 화려해서 인기가 있다. 반면 아웃복서는 상대 공격을 피하면서 판정으로 이기려고 한다. 방어적이라 인기가 없다. 엄마들도 도전적이고 외향적인 자녀를 더 좋게 보는 것 같다. 생존 경쟁의 세상에서는 아무래도 공격형이 더 좋다고 생각하기 때문이다.

도전과 응전 둘 다 장단점이 있다. 도전은 원하는 것을 얻는 대신 위험하다. 욕심을 내고 성취하고 부지런하고 공격적이다. 그만큼 애쓰고 힘들고 위태롭다. 반면 웅전은 얻는 건 적을지 모르지만 대신 안전하다. 욕심 부리지 않고 작은 것에 만족하고 싸움을 피하고 에너지를 낭비하지 않는다. 하지만 너무 웅크리고 있으면 정체되고 도태될 수 있다.

기질의 핵심적인 방향성인 도전과 웅전에 대해서 이야기했다. 이 두 성향도 완전히 고정된 것이 아니다. 시기별로 또는 상황별로, 항목별로 도전과 웅전은 수시로 변할 수 있다. 웅전 기질을 지닌 아이가 사랑에서만은 도전형으로 나타날 수 있고 도전형 아이가 사랑에서는 거꾸로 소심한 웅전형으로 나타날 수 있다. 또한 나이 들면서 도전과 웅전 비율이 변하기도 한다. 어느 하나로 단정 지으면 안 된다. 기본적인 기질 성향은 있지만 상황에 따라 변화무쌍하다. 그래서 재미있는 인생이다.

• •

성격 분석 도구의 한계

기질은 성격, 성향이라고 할 수 있다. 똑같은 얼굴이 없듯이 똑같은 성격도 없다. 그래도 사람을 이해하고자 옛날부터 기질이나 성격을 구분하려는 연구가 있었다. 태양인, 태음인, 소양인, 소음인으로 구분하는 사상체질론도 기질을 구분한 학설이다. 물론 심리학 분야에서도 성격을 분석하는 연구가 많이 있다. 그중에서도 MBTI(Myers-

Briggs Type Indicator)와 에니어그램(enneagram)이 잘 알려져 있다. MBTI는 마이어스와 브릭스라는 두 사람이 심리학자 융(C. G. Jung)의 이론을 바탕으로 해서 만든 성격 분석 도구로, 성격 유형을 16개로 나누었다. 에니어그램은 유래가 명확하지 않은데 고대의 지혜가 전승된 것으로 알려져 있고 성격 유형을 9개로 구분하였다.

　이런 성격 분석 도구는 복잡한 인간의 성격을 파악하는 데 효율적인 면이 있기는 하다. 하지만 나는 독특한 한 인간을 특정 유형에 짜 맞추고 규정하는 게 그리 합리적으로 보이지 않는다. 그래도 정신과 의사로서 상식 차원으로 알고 있어야 하기에 공부는 했다. 심리적인 거부감 때문인지 기억력 문제인지 자꾸 잊어버리기는 하지만 말이다. 게다가 나 자신을 대상으로 테스트를 해봐도 어떤 때는 이 유형으로 나오고 또 어떤 때는 저 유형으로 나오는 등 일관적이지 않아 헷갈리고는 한다.

　부모가 MBTI나 에니어그램 같은 성격 분석 도구로 자신의 성격을 알아보는 건 도움이 될 수 있다. 하지만 자녀의 기질을 파악하는 데에는 문제가 있다. 우선 '성격'이라고 규정할 수 있는 나이가 최소 청소년은 되어야 한다. 그 이전에는 아이의 성향을 성격이라고 규정하기 어렵다. 성인에게 적용하는 분석 도구라서 아이에게는 맞지 않을 수 있다. 또한 이런 성격 분석 도구로 성격을 알려면 전문적인 공부도 해야 하고, 알았다 해도 현실에 적용하기가 쉽지 않다. 정신과 의사인 나도 헷갈리니 엄마들은 더 헷갈릴 듯싶다. 그럼, 엄마가 자녀의 기질을 알아야 한다는데 어떻게 해야 할까? 그래서 알기 쉽고 현실에 활용하기 쉬운 간단한 기질 판별법을 설명하려고 한다.

•• 강/약, FM/AM

아이의 기질은 크게 두 축으로 보면 된다. 한 축은 '강약'이고 또 한 축은 '꼼꼼함'이다. 우선 기질의 세기에 따라 강한 기질과 순한 기질로 나눈다. 말 그대로 센 아이와 순한 아이다. 센 아이는 고집이 세고 자기 주장도 강하고 힘도 세고 활동적이다. 감정 표현도 강하게 한다. 순한 아이는 말 잘 듣고 주장도 별로 하지 않고 양보를 잘 하고 힘을 별로 안 쓴다. 감정 표현도 순하게 하는 편이고 약간 정적이라고 할 수 있다.

기질의 다른 축인 꼼꼼함을 기준으로 보면 FM 성향과 그 반대 성향이 있다. FM의 반대 성향을 편의상 AM이라고 하자. FM이라는 말은 군대에서 나온 용어라는 설이 있다. FM 성향은 목표 지향적이고 계획적이고 정확하고 꼼꼼하고 규칙적이고 완벽을 추구하는 기질이다. 반대로 AM 성향은 그때그때 상황에 따라 움직이고 기분에 따라 행동하고 규칙을 싫어하고 일을 해도 대충대충 어영부영이다. 대개 FM은 부지런한 쪽이고 AM은 게으른 경우가 많다. 사실 여기서 '부지런한' '게으른'이라는 표현은 적절하지 않다. 용어 자체에 긍

FM	AM
계획, 규칙, 준비 정리정돈, 꾸준함	무계획, 자유분방, 즉흥적 어영부영, 벼락치기
강	**약**
동적, 싸움, 욕심 큼 내 것 챙기기, 주장, 빠름	정적, 회피, 욕심 없음 느림, 순응, 양보

정과 부정의 의미가 있기 때문이다. '빠른'과 '느린'으로 설명하는 게 좋겠다. 빠른 아이는 성실해 보이고 느린 아이는 태만해 보인다.

기질의 두 축을 조합하면 된다. 이런 식이다. 강하면서 FM 또는 AM 성향인가? 순한 편인데 FM 또는 AM 성향인가? 내 아이는 어떤 기질일까? 대개 순하면서 FM 기질인 아이는 키우기 좋다. 엄마 말 잘 듣고 자기 할 일 알아서 하니 소리칠 일이 별로 없다. 아이를 내 뜻대로 잘 키우고 있다고 생각하는 엄마는 내 아이가 순한 FM 스타일이 아닌지 살펴보자. 혹 그렇다면 엄마가 잘하고 있다고 자만하기보다는 FM 성향의 순한 아이에게 고마워해야 한다. 자녀가 강한 AM 기질일 때 엄마가 제일 힘들다. 소리치고 잔소리해도 소용없고 오히려 엄마에게 대드는 자녀들이 여기에 속한다. 뭐니 뭐니 해도 중간이 제일 좋다. 엄마도 중간, 아이도 중간이면 제일 좋다. 다만 그렇게 중간이면 인생살이도 그럭저럭 중간 정도니 마냥 좋아할 것만은 아니다.

강한 FM 기질은 앞서 말한 '도전' 성향 쪽이고 순한 AM 기질은 '응전' 성향이라고 할 수 있다. 겉으로 보기에 강한 FM 성향이 뭘 해도 꾸준한 스타일이라 성취 능력이 크다. 하지만 잘못하면 크게 꺾이고 완전히 흐트러질 수 있다. 반면 순한 AM 성향은 대기만성형이고 때가 되면 순간 집중력으로 실력을 발휘한다. 이 네 가지 성향의 조합이 기질이다. 일장일단이 있기에 어느 조합이 좋고 나쁘다고 할 수 없다.

이 네 가지 기질만 알아도 아이 키우는 데 도움이 된다. 훈육도 코칭도 공부도 자존감도 이들 기질에 따라 달라진다. 예를 들어 훈육도 강하게 할지 약하게 할지가 부모, 자녀의 기질에 따라 달라야 한다. 기질에 따른 자녀 교육법은 각 장에서 자세히 다루겠다.

•• 엄마 기질이 더 중요하다

부모의 기질도 앞의 네 가지 유형으로 보면 된다. 강한 편인가 순한 편인가? FM인가 AM인가? 강한 기질은 소위 권위형 부모가 되고 순한 기질은 허용형 부모가 될 가능성이 많다. FM 엄마는 원칙과 규칙, 스케줄을 중시하고 AM 엄마는 아이가 알아서 하려니 하고 대충 놔두는 스타일이다.

엄마는 자기 기질대로 아이를 키우게 되어 있다. 엄마가 자기의 타고난 기질에 반하는 스타일로 자녀를 키우려면 힘들다. 순한 엄마가 내 아이 독하게 키우리라 마음먹어봤자 며칠 못 가고 FM 엄마가 아이를 설렁설렁 놔두리라 결심해도 쉽지 않다.

한 엄마가 우울증으로 상담을 왔다. 여섯 살 아들, 네 살 딸을 키우는 엄마다. 우울증의 원인이 몇 가지 있었지만 그중 하나가 아이들 양육에 대한 부담이었다. 이 엄마는 자녀 둘을 어린이집에 안 보내고 집에서 키우고 있다. 어느 육아 책을 봤더니 어린이집에 보내는 것보다 엄마가 직접 아이를 키우는 게 좋다고 해서 그 육아법을 실천하고 있다고 한다. 자발성을 중요하게 여기고 자연 친화적인 교육 방식이라고 한다. 그 방법을 실천하려니 보통 힘든 게 아니다. 자녀를 하루 종일 데리고 있으면서 책도 읽어주고 음식도 해주고 놀아주느라 쩔쩔맨다. 그 육아법을 주제로 한 맘 카페에 들어가보면 다른 엄마들은 잘하고 있는 것 같다. '이렇게 저렇게 하니 아이가 성장했네요'라는 글을 읽으면 이 엄마는 자기만 못하고 있다며 죄책감에 빠졌다. 남편 때문에도 스트레스인데 설상가상 두 아이 붙들고 낑낑대고 있었다. 우울증에 걸릴 만하다. 그런데 이야기를 들어보니 이 엄마의 기질은 전형적인 AM 스타일이었다. AM 엄마가 FM 엄마, 그것도 뛰어난 FM 엄마나 할 수 있는 교육법을 따라 하려니 될 리가 없다.

이 엄마에게 첫 번째 처방으로 아이 둘을 어린이집에 보내라고 했다. 이유를 말했다. 엄마가 우선인데 아이 때문에 힘들어서는 우울증에서 빠져나올 수 없다. 자녀들도 허덕이는 엄마 밑에 있는 것보다 어린이집에서 또래들과 노는 게 훨씬 좋다. 그리고 그런 교육은 엄마 스타일과 아이 스타일이 맞아야 한다고 설명했다. 우울증약을 먹을 정도로 심한 상태는 아니니 아이들을 어린이집에 보내고 2주 후에 상태를 보고 약을 먹을지 말지를 결정하자고 했다.

2주가 지났는데 그분이 병원에 오지 않았다. 좋아져서 안 왔을까? 잊고 있었는데 반년쯤 후에 그 엄마가 왔다. 자기 친구가 우울증이 있다고 나를 소개해주려고 함께 온 것이다. 그때 그 엄마가 이렇게 말했다.

"원장님 말대로 아이 둘을 어린이집에 보내고 금방 좋아졌어요. 일주일 만에 우울증이 사라졌어요. 너무 편했어요. 그 교육법에서는 엄마가 아이를 집에서 키우면서 이런 거 저런 거 해주라고 했는데 그게 너무 부담스러웠거든요. 두 아이를 어린이집 보내고 나니 쉬고 싶으면 쉬고, 하고 싶은 거 하고 너무 좋았어요. 대신 아이들이 집에 오면 더 잘해주고요. 그랬더니 우울증도 좋아졌어요."

AM 엄마가 FM 엄마 노릇 하려다가 병이 든 경우였다. 이처럼 자녀 기질 못지않게 엄마 기질도 중요하다. 자녀 교육에서 엄마 기질과 아이 기질 중에 어느 기질이 더 중요할까? 어느 기질이 우선일까? 답은 엄마 기질이다. 아이 기질이 우선 아니냐고 반문하는 경우가 많은데, 아니다. 엄마가 우선이다. 키우는 사람이 엄마이기 때문이다. 아웃복서가 인파이터 복서 만났다고 자기 스타일 버리고 인파이터처럼 싸우면 어떻게 될까? 신나게 두들겨 맞을 뿐이다. 엄마가 잘하는 방법을 버리고 다른 방법으로 어떻게 아이를 잘 키울 수 있겠는가. 엄마 스타일대로 양육하되 아이 스타일에 따라 엄마가 조금씩 맞춰나가는 게 정답이다. 엄마 스타일이 우선이어야 하는 이유는 엄마가 편해야 하기 때문이다. 그러잖아도 엄마 노릇 하기 힘든데 왜 더 힘들게 하는가? 엄마가 몸과 마음이 편한 게 자녀 교육의 최우선이다. 엄마가 편해야 아이가 행복하다.

• •

안정 태교와 엘리트 태교

기질을 얘기한 김에 태교에 대해서도 잠시 말해보려 한다. 인터넷 서점에서 '태교'를 검색하니 500권 이상의 책이 떴다. 태교 영어, 태교 음악, 태교 명상 등등. 태교에는 두 가지 목적이 있다. 태아의 몸과 마음을 평안하게 하는 '안정 태교'와 태아에게 어떤 능력의 씨앗을 심어주려는 '엘리트 태교'다. 요즘은 엘리트 태교를 강조해서 태아 때부터 '교육'과 '발달'이라는 콘셉트가 들어간다.

태교도 우선 엄마와 맞아야 한다. 엄마 몸의 반응이 중요하다. 어느 육아서에서 클래식 음악으로 태교를 했더니 자기 아이가 똑똑해진 것 같다면서 바흐 음악 태교를 강력 추천했다. 그런데 바흐 음악 태교를 하려면 엄마가 바흐 음악을 잘 알아야 한다. 그래야 아이에게 통한다. 엄마가 바흐 음악의 감흥을 몸과 마음으로 느껴야 한다. 그러면 태아도 밖에서 들리는 희미한 음악과 그 음악에 공명하는 엄마의 몸을 느끼면서 제대로 영향을 받는다. 엄마가 바흐를 모른다면? 아이에게 효과가 없을 것이다. 잘못하면 부작용만 생기기 십상이다.

우리가 아이 키우던 시대에는 모차르트 음악 태교가 유행이었다. 아내가 아들을 가졌을 때 태교한다고 모차르트 음악을 들었다. 아내는 그 이전에는 클래식 음악을 들어본 적이 거의 없었다. 태교한다고 모차르트 음악을 들으면 곧 잠에 빠졌다. 이때 아이는 어떨까? 배 속에서 '아… 저 음악 들으면 엄마가 자네' 하면서 자신도 엄마 몸의 주파수에 맞춰서 코 골며 잘 것이다. 나중에 아들이 불면증에라도 걸리면 얘기해줘야겠다. "아들아, 모차르트 음악을 틀어놓고 자봐라."

영어 태교는 어떨까? 엄마가 영어를 전혀 모른다면? 엄마가 영어를 듣는데 귀는 먹통이고 마음은 답답하고 몸은 지겹다. 그러면 아이는 커서 영어가 들리면 귀가 먹통이고 마음은 답답하고 몸은 지겨워지지 않을까. 태교는 바깥에서 하는 게 아니라 엄마 배 속에서 하는 것이다. 바깥 날씨가 한여름이어도 냉장고 안의 동태는 꽁꽁 얼어 있다. 마찬가지로 바깥에서 무슨 소리가 들리든 상관없이 엄마 배 속의 환경이 중요한 것이다.

태교는 아이가 아니라 엄마한테 맞는 것을 해야 한다. 엄마가 마음 편하고 즐거운 걸 해야 한다. 트로트가 취향이면 모차르트 말고 트로트를 듣자. 들리는 음악이 트로트인지 클래식인지 태아가 알 게 뭔가? 무슨 소리가 들리는데 엄마 기분이 좋으면 그 주파수가 태아한테 스며들어 자기 것이 된다. 그러면 이렇게 묻는 엄마가 있을지도 모르겠다. "그러다가 아이가 트로트만 좋아하는 구닥다리 애가 되면 어떻게 하죠?" 이런 질문은 아이의 자발성과 창조성을 깡그리 무시하는 것이다. 많은 엄마들이 아이의 자발성과 창조성에 대해 전혀 생각을 안 한다. 엄마가 "1"이라고 말하면 아이가 평생 '1'만 알고 살 것처럼 생각한다. 새로운 세상을 만들어가는 아이의 능력을 전혀 고려하지 않는 것이다.

태교의 기본은 '안정'이다. 좋은 태교는 엄마 몸과 마음의 평온함을 아이에게 전해주는 것이다. 그 안정감이 몸에 배면 세상에서 힘든 일을 겪을 때도 그 안정의 힘이 도움이 될 것이라는 믿음이다. 안정 태교를 잘하면 저절로 엘리트 태교가 된다. 몸의 즐거움이 나중에 실력으로 발휘될 수 있기 때문이다. 예컨대 드라마를 열심히 보는 태교를 했다면, 누가 알까? 아이가 나중에 배우나 극작가나 PD가 될지. 아니면 최소한 드라마나 영화 보는 게 취미라도 될 것이다. 따라서 결론은, 태교도 엄마 기질과 소질에 맞춰서 해야 한다. 아이에게 좋은 것보다 엄마한테 좋은 걸 하자. 엄마가 우선이다.

2
자녀가
미운 이유

● ●

부모 자식 간에도 악연이 있을까

기질에도 궁합이 있어서 사주팔자처럼 인연과 악연이 있다. 비슷한 성향이라도 삐걱거릴 수 있고 반대 성향이라도 잘 맞는 경우가 있다. 사실 기질 궁합은 '엄마-아빠-자녀' 세 축을 봐야 한다. 세 궁합을 맞추려면 복잡하니 우선 엄마와 자녀의 기질 조합만 살펴보자.

대개 엄마와 자녀가 기질이 비슷하면 좋다고 할 수 있다. 센 기질의 아이는 센 엄마가 잘 다루고 순한 아이는 순한 엄마가 무난하게 키운다. 반대 기질이라도 정도 차이가 그리 크지 않으면 괜찮다. 서로 봐줄 만하기 때문이다. 문제는 정반대의 기질이다. 센 엄마는 순한 아이를 가만 놔두질 못하고, 순한 엄마는 센 자녀와 싸우느라

고생이다. FM 엄마는 AM 자녀가 성에 안 차고 AM 엄마는 FM 아이를 까탈스럽다고 여긴다. 기질이 안 맞아도 어쩔 것인가. 하늘이 그런 기질을 주었고 엄마에게는 그 아이와 잘 지내라는 지상 명령을 내렸으니 말이다.

자녀 교육에서 최악은 엄마가 아이의 기질과 싸우는 것이다. 그러면 답이 없다. 곰이 여우 될 리 없고 토끼가 호랑이 될 수 없기 때문이다. 아이를 못 바꾸니 엄마가 바뀌어야 한다. 하지만 엄마 기질이 어디 가겠는가. 쉽지 않다. 그래도 기본은 있다. 센 엄마는 덜 세게, 순한 엄마는 덜 순하게, 강한 FM 엄마는 약간 느슨하게, AM 엄마는 좀 더 꼼꼼하려고 마음 쓰는 것이다. 내 기질을 아는 것과 모르는 것은 큰 차이다. 모르고 있으면 관성의 법칙으로 그 성향이 더 강해지기 때문이다.

인격적인 성숙이란 결국 중용으로 가는 여정이다. 강한 성향을 조절하고 약한 성향을 키우면서 음양의 조화를 이루어나가는 게 인생의 수행이다. 기질이 다른 아이는 나를 정신 차리게 하는 내 인생의 스승이라고 생각하면 좋다. 어쩔 수 없으니 이렇게 마음먹자. '하늘이 나를 성숙시키기 위해서 이 아이를 보내줬구나!'

엄마가 아이를 마음에 안 들어하는 경우도 있다. 내 아이지만 때로 N극과 S극처럼 나와 맞지 않는 기운을 타고난 아이가 있다. 아이의 어떤 행동이 유난히 눈에 걸리고 꼴도 보기 싫다. 이유도 잘 모르겠다. 생각으로는 충분히 수용해줄 수 있는데 눈에 보이면 못 견딘다. 참 어려운 상황이다.

　인연에는 인간의 힘으로 어쩔 수 없는 운명적인 힘이 작용하는 것 같다. 사람들은 운명의 작용을 조금이라도 알까 싶어 사주팔자를 본다. 그러나 부모 자식의 인연을 사주팔자로 알면 뭐할 것인가. 서로 안 맞는다고 굿을 할 것인가, 부적을 갖고 다닐 것인가. 악연도 정신분석적으로 풀어볼 수 있다. 운명의 힘 밑바닥에는 무의식이 작용하고 있기 때문이다. 그 무의식을 조금이라도 찾아낼 수 있다면 악연의 고리를 푸는 데 도움이 될 수 있다.

　왜 자녀가 꼴 보기 싫을 정도로 미움이 생길까? 가장 큰 원인은 '투사'다. 즉 나의 문제를 자녀에게 던지는 것이다. 투사에는 두 가지가 있다. 하나는 내가 싫어하는 어떤 사람의 모습을 투사하는 것이고 또 하나는 마음에 안 드는 나의 모습을 투사하는 것이다.

．．

아이 속에 들어 있는 타인

심리극에서 만난 한 엄마가 생각난다. 일곱 살 아들이 너무 게으르다. 툭하면 방에서 뒹굴뒹굴한다. 밥 먹는 데 한 시간, 씻는 데 30분, 옷 입는 데 30분. 이 세 가지 하는 데 두 시간 넘게 걸린 날도 있다. 엄마는 아들의 게으른 모습을 못 견디고 악을 쓰고 때렸다. 엄마도 아이가 게으를 수 있다고 머리로는 생각하지만 막상 그러는 꼴을 보면 분노가 터졌다. 이 엄마는 자기 행동이 문제라고 생각해서 해결책을 찾고자 심리극 주인공으로 나왔다.

드라마를 진행하다 보니 문제는 아들이 아니라 남편이었다. 남편이 시대에 안 맞게 가부장적이다. 더구나 게으르다. 퇴근해 오면 소파에 누워서 TV 리모컨을 놓지 않는다. 청소나 빨래, 설거지도 전혀 안 한다. 어쩌다 뭐라고 한마디 하면 잔소리한다고 엄청 화를 낸다. 남편의 욱하는 성질에 주인공은 주눅 들어 있다. 아들이 게으른 아빠를 꼭 닮았다. 남편에 대한 억압된 화가 무의식적으로 아이에게 향하고 있었다. 남편을 때리지 못하는 대신 아들을 때린 것이다.

드라마 주제를 아들에서 남편으로 바꾸었다. 그리고 남편에게 못 했던 말을 다 하고 억눌린 화를 풀도록 했다. 빈 의자를 남편이라 생각하고 두들겨 패게 했다. 직접 남편에게 한 건 아니지만 속풀이 효과는 아주 좋았다. 한바탕 속풀이를 하고 난 주인공은 마음이 평온해졌다. 그러고는 괜히 아들에게 분노를 폭발한 것 같다며 아들을 훨씬 편하게 볼 수 있겠다고 했다. 마지막으로 아들이 방에 누워서 빈둥거리는 장면을 설정하고 주인공에게 보게 했다. 주인공이 그런 아들을 보면서 피식 헛웃음을 짓더니 이렇게 말했다. "허허, 쟤가 원래 저런 애였군요. 지금 보니 그냥 웃음만 나오네요. 빈둥거리는 게 조금 귀여워 보이는데요."

이 주인공의 경우 아이가 게으른데 거기에 남편의 게으른 모습이 덧씌워졌다. 남편을 미워하는 감정이 아이에게로 향했고 불평과 잔소리 정도가 아니라 미움과 분노가 솟구쳤다.

이 드라마를 본 후 어느 관객이 느낀 점을 이야기했다.

제 딸이 여섯 살인데 너무 까탈스러워요. 외출하려고 하면 꼭 이 옷을 입어야 하고 꼭 저 신발을 신어야 하고 꼭 빨간 머리띠를 해야 해요. 아주 예쁜 척을 하고 나가야지, 그러지 않으면 울고 떼쓰고 꼼짝도 하지 않아요. 그 모습을 보면 정말 미워 죽겠어요. 그러는 제가 이상하다고 생각했어요. 아이가 좀 까다롭구나 하고 받아주면 그만일 텐데 예쁜 척하는 딸을 못 견디니까요. 그런데 오늘 드라마 보면서 갑자기 제 여동생이 생각났어요. 동생은 나보다 네 살 어린데, 걔가 어려서 그렇게 예쁜 척을 했어요. 옷 입고 나가려면 유난을 떨었어요. 아빠가 그런 동생을 예뻐했어요. 이 옷 입는다 저 옷 입는다 실랑이하고 그럼 아빠는 오냐오냐하고…. 저는 그때 옆에 서 있던 기억이 나요. 그런 동생이 미웠어요. 속으로 동생을 질투했었나 봐요. 옛날 내 동생에게 느꼈던 감정을 지금 딸에게 느끼는 거 같아요. 신기하네요.

이 소감을 말한 분도 마찬가지다. 까탈 부리는 딸 안에 예쁜 짓하던 동생이 숨어 있어서 심하게 미운 것이다. 이와 같이 어떤 사람에 대한 나의 부정적인 감정이 자녀에게 투사되어 아이와의 관계가 악연처럼 나타나기도 한다.

그림자, 엄마의 아킬레스건

큰 이유 없이 자녀를 미워하는 원인 또 하나는 내 안에 숨은 부정적인 면이 아이에게 투사될 때이다.

심리학자 융은 인간의 정신을 설명하기 위해 '그림자(shadow)' 이론을 만들었다. 그림자는 내 안에 숨어 있는 어두운 나의 성격이다. 둥근 공이 하나 있다. 빛이 비추면 앞면은 밝고 뒷면은 어둡고 그림자가 생긴다. 공을 '자아' 즉 '나'라고 하면 나의 뒷면을 '그림자'라고 생각하면 된다. 그림자는 내 속에 있는 열등한 면이다. 게으름, 욕심, 비겁함, 찌질함, 불성실함, 고집스러움 등등 내가 인정하고 싶지 않은 모습이다. 지킬 박사와 하이드가 그림자를 설명하는 좋은 예다. 낮에는 박사로 살지만 밤에는 괴물로 산다. 모든 사람은 그림자를 갖고 있다. 성실한 사람이 집에서는 게으르고, 온순한 사람이 알고 보면 고집스럽고, 강한 사람 내면에는 아주 나약한 면이 숨어 있다. 그림자는 어찌 보면 이중인격이라고 할 수도 있다. 문제는 그림자도 내 인격의 한 면이기 때문에 세상에 드러난다는 것이다. 공이 앞모습만 보이고는 구를 수가 없듯이 '나'라는 공도 떼굴떼굴 구르면서 뒷모습을 보일 수밖에 없다.

그림자가 가장 잘 나타나는 곳이 부부 사이다. 결혼하고 나서 한 달도 안 돼서 '속았다'고 하는 경우가 그림자 때문이다. 결혼하기 전에는 공의 앞면만 보이다가 결혼하고 나서 뒷면을 보게 되는 것이다. 결혼 전에는 듬직하고 성실하고 책임감이 넘치더니 결혼하고 나니 쪼잔하고 게으르고 무책임하다. 밖에서는 점잖고 신사지만 집에서는 천박하기 짝이 없다. 그것도 모르고 부부 동반 모임에서 어떤 부인이 "사모님은 좋으시겠어요. 남편분이 너무 신사고 배려가 깊으셔서" 이런다. 그럼 웃으면서 "아… 네…" 하지만 속으로는 '네가 살아봐라' 한다.

내가 어떤 사람과 결혼했다면 그 사람의 그림자와도 결혼한 것이다. 결혼 전에 그림자를 봤다면 결혼 안 했을 것이다. 내가 배우자를 인정하고 존중하는 건 이 사람의 그림자를 받아들이는 데서 시작한다. 상대방의 그림자를 고치고 바꾸려고 하면 끝나지 않는 전쟁이 된다. 가장 좋은 배우자는 한 사람의 그림자를 받아주는 사람, 그의 그림자에 빛을 주는 사람이다.

자녀와의 관계에서도 그림자가 영향을 미친다. 인정하고 싶지 않은 나의 어두운 면이 아이에게 투사된다. 예컨대 아들이 조금 내성적이고 섬세하다. 아빠는 그 아들을 계집애 같다고 야단치고 남자는 강해야 한다며 때리기까지 한다. 내 아들이 좀 섬세하구나 하고 받아주면 그만인데 아이의 모습을 견디질 못한다. 아빠가 겉으로는 남자다울지 모르지만 무의식적인 내면에는 여성적인 면이 있다. 여성적인 면을 열등하게 보고 스스로 부정하고 있는데 그 모습을 아들이 갖고 있다. 그래서 비합리적으로 분노하는 것이다.

어떤 엄마의 딸이 소심하다. 보통 엄마라면 딸의 소심함을 걱정하는 게 일반적인 반응이다. 그런데 이 엄마는 소심하다며 딸을 미워한다. 특이한 반응이다. 바로 그림자의 투사다. 겉으로 소심하지 않은 듯 보이는 엄마의 내면에 소심함이 숨어 있기 때문이다. 엄마가 부정하려는 그 소심함이 딸에게 나타나니 못 견디는 것이다.

엄마마다 아킬레스건이 있다. 다른 건 그런대로 참아주고 넘어가겠는데 유독 분노 폭발을 유발하는 자녀의 행동이 있다. 게으른 걸 못 보는 엄마, 어지럽히는 걸 못 견디는 엄마, 징징거리는 걸 못 참는 엄마, 이기적인 걸 미워하는 엄마, 우물쭈물하는 걸 증오하는 엄마…. 이런 아킬레스건은 엄마의 숨은 그림자의 투사인 경우가 많다.

자녀에 대해 이유 없이 심한 미움이 생겨나는 원인을 알아보았다. 이런 강한 부정적인 감정이 나타나면 어떻게 하나? 쉽지 않지만 두 가지만이라도 실천해야 한다.

첫째, '아이가 문제가 아니라 내 마음이 문제다'라고 주문을 외자. 내 문제라고 알아차리는 것이 핵심이다. 알아차리면 아이에게 꽂히던 생각에서 나를 돌아보는 생각으로 에너지가 이동한다. 알아차리기만 해도 감정의 반은 줄어든다.

둘째, 거리를 두자. 못마땅한 아이 행동에 거리를 두고 간섭하지 말자. 나도 모르게 말이 나오고 손이 가려고 한다. 이걸 견뎌야 한다. 한쪽 눈을 감고, 보고도 못 본 척 넘어가는 훈련을 하자. 간섭하느니 차라리 남의 집 아이라고 생각하는 게 낫다. 옆집 애가 내성적이든 소심하든 내가 잔소리할 일이 아니다. 자녀에게 부정적인 감정이 걸려 있을 때는 간섭할수록 문제만 커진다.

●●

남성성과 여성성

FM, AM이나 강하고 순한 기질보다 더 원초적인 기질이 있다. 남성성과 여성성이다. 다음은 어느 맘 카페에 올라온 고민 사연들이다.

> 다섯 살 딸이 성격도 활발하고 장난기가 많아요. 하도 거친 행동을 많이 해서 여기저기 멍도 들고요. 인형은 거들떠도 안 보고 칼싸움만 좋아해요. 전 여자는 어느 정도 다소곳해야 한다는 주의거든요. 그렇다 보니 저랑 하루에 한 번은 꼭 다투게 되네요. 아이가 좀 차분해졌으면 좋겠는데 방법이 없을까요?

> 일곱 살 아들인데요, 애가 너무 여자 같아요. 로봇은커녕 인형만 좋아해요. 밖에 나가 노는 건 별로 안 좋아하고 방에서 그림 그리기만 한다니까요. 제가 화장하면 자기도 하고 싶다고 그러고요. 커서 성정체성 문제로 어려움을 겪진 않을지 걱정이네요.

아들 같은 딸, 딸 같은 아들이 걱정이란 얘기다. 과거에는 남성성, 여성성이라는 성향 구분이 확실했다. 여성성이 강한 남자를 계집애 같다고 놀리고 남성성이 강한 여자를 사내아이 같다고 흉봤다. 지금도 남자는 남자답기를, 여자는 여자답기를 원하는 부모가 많다. 중요한 건 남성성, 여성성이 취사선택의 문제가 아니라는 것이다. 자기 안에 숨어 있는 또 다른 기질이다.

아니마(Anima), 아니무스(Animus)라는 심리학 용어가 있다. 심리학자 융이 인간의 무의식을 설명하면서 사용한 단어다. 아니마는 남성 속에 들어 있는 여성성, 아니무스는 여성 속에 들어 있는 남성성을 뜻한다. 나는 남자이지만 내 속에 여자 윤우상이 숨어 있다. 여자 윤우상이 나의 '아니마'다. 겉으로는 남자 윤우상으로 살지만 무의식 속에서는 여자 윤우상으로도 살고 있다는 뜻이다. 모든 인간은 심리적으로 자웅 동체라고 할 수 있다. 남자인데 여성성이 센 사람이 있고, 여자이면서 남성성이 센 사람이 있다. 자기 안의 남성성, 여성성이 성격에 아주 큰 영향을 미친다.

세계적인 디자이너 고(故) 앙드레 김 같은 분이 여성성이 강한 남성이다. 지금이야 남성 디자이너가 당연하지만 우리나라에서 1950~60년대에 패션 디자이너라고 하면 한마디로 바느질하는 사람이었다. 앙드레 김은 유명한 디자이너가 되기 전까지 남자가 바느질한다고 손가락질을 받았다. 외모와 달리 말투는 여성적이었고 늘 화장을 하고 다녔다. 그분이 즐겨 입는 하얀 옷은 옛 여성들이 입던

흰색 한복 이미지를 상징한다. 앙드레 김은 뛰어난 여성성으로 성공한 분이라고 할 수 있다.

한편 뛰어난 남성성으로 성공한 여성들도 있다. 여성 정치인으로서 정당 대표를 하는 분들이 그러한 예다. 정치판은 강한 남성들의 전쟁터였고 아직도 그런 경향이 있다. 그 속에서 남성들의 리더 역할을 하려면 강한 남성성이 요구된다. 내가 아는 여자 선배 한 분이 무척 남성성이 강하다. 그 선배는 외과 전문의다. 1980년대만 해도 우리나라 대학병원 '외과'는 남자만 들어갈 수 있는 금녀의 집이나 다름없었다. 그 선배는 온갖 반대를 무릅쓰고 외과 전공의로 들어갔고, 많은 어려움을 겪으면서 그 대학병원에서 여성 최초로 외과 전문의가 되었다.

이제는 시대가 바뀌어서 '남자답게' '여자답게'라는 관념도 많이 사라졌다. 애초에 남·여'다움'이란 없다는 회의적인 시각도 있다. 여성 속의 남성, 남성 속의 여성을 감추지 않고 드러내는 추세다. 남자 연예인의 경우만 봐도 마초 스타일보다는 요즘 말로 '스윗'한, 여성성을 겸비한 사람이 더 인기 있다. 자녀를 키울 때도 딸 같은 아들도 괜찮고 아들 같은 딸도 좋다는 분위기다.

하지만 여전히 아들은 남자다워야 하고 딸은 여자다워야 한다고 생각하는 부모도 많다. 부모의 가치관이니 뭐라 할 수는 없지만 그 원칙에 자녀를 너무 구속하는 건 좋지 않다. 자녀가 지닌 양면적 성향을 부정해서는 안 된다. 우리나라 축구 선수들이 유럽에서 인기 있는 이유는 양발을 다 잘 쓰기 때문이라고 한다. 남성성과 여성성 모두를 쓰는 게 유리하다. 원칙을 갖는 것도 좋지만 아이의 기질에 맞춰 언제든지 그 원칙을 유연하게 바꿀 수 있어야 한다.

• •

여성성의 도움으로

나는 여성성이 강한 편이다. 삼형제 중에 둘째인데 내가 말하자면 딸 역할을 해왔다. 부모님과 대화도 많이 하고 살살 애교도 부렸다. 내가 초등학교 다니던 시절에는 '남녀칠세부동석'이라는 유교 가치관이 강해서 초등학교 4학년부터는 남녀 학급을 분리했다. 4학년 이후 국어책에 짤막한 희곡이 실렸다. 예를 들어 「왕자와 공주」라는 희곡이 있다고 하자. 그러면 선생님이 학생들에게 거기에 나온 역할을 맡겼다. "임금님 할 사람? 왕자 할 사람?" 하고 손을 들라고 했다. 애들이 "저요, 저요" 했다. 그러다 선생님이 "공주 할 사람?" 하면 아무도 손을 안 들었다. 그때 나만 "저요" 하고 손 들었다. 공주를 맡아 여자 목소리로 "아바마마 아니 되옵니다" 이런 대사를 했다. 친구들이 엄청 웃었다. 그래도 잘했다고 칭찬받았다.

또 어려서부터 부엌살림 도구에 관심이 많았다. 왜 그랬는지는 모르겠다. 중학교 2학년 때다. 그 당시 등굣길 양쪽에 쭉 좌판을 늘어놓고 장사하는 분들이 있었다. 그중 한 곳에서 잡동사니를 파는 아저씨가 작은 판에 감자를 대고 쓱싹 밀어대니 감자가 채로 썰려 나왔다. 그걸 보는 순간 '와! 저거 사서 엄마 드리면 좋겠다' 하는 마음이 들어 채칼을 사서 엄마께 갖다드렸다. 그때가 처음으로 조리 도구를 산 날이었다. 엄마가 웃으며 "별걸 다 사 왔네" 하셨다. 그 뒤로도 칼갈이, 국수 건지는 국자, 예쁜 도마 등등을 사다 드렸다. 그 습관은 성인이 된 지금도 마찬가지여서 마트에 들렀다가 가끔씩 눈에 띄는 조리 도구를 사서 집에 가져간다. 아내는 그때마다 쓸데없는 것 좀 그만 사 오라고 구박한다.

나는 강한 여성성으로 확실히 덕을 봤다. 사이코드라마 연출할 때도 그렇다. 어떤 디렉터는 남성적 파워로 강렬하게 진행하지만 나는 아주 부드럽고 섬세하게 이끌어간다. 참가자들이 '선생님 드라마는 엄마 품 같다'는 칭찬도 해준다. 이전 책을 냈을 때도 엄마 심리를 어찌 잘 알고 썼느냐는 소리를 들었다. 이래저래 내 속의 여성성이 지금의 나를 만드는 데 큰 역할을 한 것 같다.

●●

나에게 맞는 자녀 교육서 찾는 법

초등학교에서 학부모 대상으로 강의를 했다. 질의응답 시간에 한 엄마가 질문을 했다.

딸 키우는 방법에 관련된 책을 읽었는데 그 책에서 딸한테는 잔소리를 해야 한다고 그랬어요. 딸은 반항을 심하게 안 하니까 잔소리처럼 들리더라도 그렇게 계속 해야 좋은 습관을 만들 수 있다고요. 그런데 어느 날 딸과 소통을 하고 싶어서 물어봤어요. "너는 우리 집에서 불만이 뭐가 있어?" 그랬더니 아빠한테 불만이 많을 줄 알았는데 저한테 불만이 많대요. 잔소리가 많다고요. 한 얘기 또 한다고요. 딸이 그동안 말을 안 하고 있었지만 저에게 불만이 가득한 거예요. 책에서 하라는 대로 했는데 어떻게 하죠?

나는 딸이건 아들이건 당연히 잔소리는 좋을 게 없다고 말해주었다. 그런데 궁금했다. 어떤 책이기에 딸의 습관을 만들어주기 위해서는 잔소리를 해도 된다고 했을까. 도서관에 갔더니 '아들은 이렇게 해라' '딸은 저렇게 해라' 하는 책들이 꽤 있었다. 당연히 좋은 조언들이 많았지만 일부 내용은 문제가 될 수도 있을 것 같았다. '딸답게' '아들답게'를 강조하는 내용은 주의해서 받아들여야 한다. 자녀를 완전한 하나의 인격체로 보는 것이 아니라 '불완전한 아들' '불완전한 딸'로 볼 수 있다. 잘못하면 아들과 딸을 구별하는 교육이 되고 구별이 선을 넘으면 차별이 된다. 또한 부모가 '딸이니까' '아들이니까'를 너무 강조하면 자녀의 다양한 기질이 무시될 수도 있다. 부모는 자녀를 성별로 구분해서 교육할 것이 아니라 그저 한 인간으로 만나면 된다. 거기에 그 아이만의 '개성'을 자연스럽게 만나주면 충분하다.

책을 보고 딸에게 잔소리를 한 것은 자녀 교육서의 부작용이라고 할 수 있다. 육아서도 자신에게 맞아야 한다. 책에 나와 있는 내용은 정답도 진리도 아니다. 활자화된 글은 이상하게 공신력이 생겨서 마치 사실이고 진실인 듯 믿게 된다. 그렇지 않다. 책은 저자의 생각이고 이론일 뿐이다. 당연히 편견과 선입견이 들어간다. 또한 책 내용이 좋아도 조언이 엄마나 아이의 성향과 안 맞는 경우도 있다. 그렇다 보니 육아서가 엄마를 혼란스럽게 만들기도 한다.

어떤 책이 자신에게 맞는 책일까? 두 가지 기준을 제시하고 싶다. 첫째, '이거다!' 하는 느낌이 강해야 한다. '그런가?' '맞나?' 하는 의문이 드는 내용은 나에게 안 맞는 것이다. 둘째, 책이 제시한 대로 실천해보지만 심적으로 불편하고 따라 하기 힘든 것은 내 것이 아니다. 조언을 실천하지 못하는 건 꼭 엄마나 아이에게 문제가 있어서가 아니다. 그 조언이 나와 내 아이에게 맞지 않기 때문인 경우가 많다. 자녀 교육서도 엄마와 아이의 기질에 맞아야 한다. 따라 하다가 안 되겠다 싶으면 그만두는 게 상책이다. 억지로 하다가 제대로 되는 것 없이 내 탓, 아이 탓, 부작용만 생긴다. 자녀 교육에서 '일관성'을 강조하는데, 맞지 않는 걸 억지로 끌고 가는 건 일관성이 아니라 고집스러움이다.

대개 육아서의 조언은 '하지 말라는 것'과 '하라는 것' 두 가지다. 하지 말라는 것은 자녀에게 직접적인 해가 되는 행동들이다. 예를 들어 '남과 비교하지 말라' '때리지 말라' 하는 조언들은 실천하기 힘들어도 당연히 따르려고 노력해야 한다. 반면 육아서에서 '하라는 것'은 조금 성격이 다르다. 하라는 것은 하면 좋겠지만 굳이 안 해도 아이에게 해가 되는 건 아니다. '이렇게 하면 좋다'는 것 중에 부모나 아이의 성향, 기질과 안 맞는 것들이 있다. 예를 들어 채소를 먹이기 위해 자녀와 요리를 같이 한다든지, 공부 습관을 들여야 한다든지, 독서 후 활동을 해야 한다든지 하는 것들이다. 이런 활동은 부모가 즐겁고 할 만하다 싶을 때 지속해야 한다. 잘 못하는 것, 하기 싫은 것을 억지로 하는 건 오히려 해가 된다. 지혜로운 엄마는 '하면 좋은 것'을 하는 게 아니라 '엄마가 즐겁게 할 수 있는 것'을 한다. 그래야 엄마도 즐겁고 아이도 즐겁고, 엄마도 잘하고 아이도 잘한다.

● ●

기질은 운명이다

기질은 운명이다. 이런 모습으로 태어난 것도 아이의 운명이다. 내 아이가 선택한 운명이고 내 아이에게 가장 잘 맞는 운명이다. 기질은 세상이라는 전쟁터에서 살아남으라고 하늘이 준 생명의 무기이다. 엄마는 아이의 기질을 즐겨야 한다. 짜증 나고 힘들더라도 말이다. 내가 낳아놓고 마음에 안 들어하면 어쩔 것인가?

아이는 내가 낳은 그대로 완전체다. 남의 아이와 비교하고 '이런 아이였으면' 하는 이상형 아이와 비교하니 내 아이가 문제인 것이다. 머릿속에서 그런 망상을 털어버리고 아이를 보자. "엄마~" 하면서 '헤헤' 웃는 아이가 뭐가 문제인가? 빼도 박도 못하는 운명이니 기분 좋게 순종하자.

소위 '성공'한 자녀들의 부모를 보면 공통점이 있다. 있는 그대로의 인정이다. 있는 그대로의 사랑이다. 이것이 자녀 교육의 핵심이다. 있는 그대로 인정하고 사랑하는 게 쉬운가, 어려운가? 꽃 색깔이 마음에 안 든다고 미워하나? 꽃이 문제인가, 내가 문제인가? 강아지더러 너는 어째 불독같이 생겼냐며 미워하나? 강아지는 있는 그대로 사랑하면서 어째 내 아이는 있는 그대로 사랑하지 못할까.

완벽한 기질을 가진 아이가 있을까? 그런 아이는 세상에 없다. 세상은 대칭 같지만 비대칭이고 균형 잡힌 것 같지만 비뚤어져 있고 완벽한 것 같지만 불완전투성이다. 그게 자연이다. 내 몸이나 성격, 능력 모두 어느 구석은 비뚤어져 있고 불완전하고 부족하다. 그게 정상이다. 그런 모습으로 살면서 적응해나가는 것이 우리 인생이다. 아이가 남달라서 겪을 아픔이 있다면 그 아픔까지 사랑해주고 곁에 있어주면 된다. 나머지는 아이가 만나는 세상에 맡기면 된다. 불완전하고 부족한 사람끼리 만나 서로 위로하고 채워주는 것이 우리의 삶이다. 엄마가 다 해주는 거 아니고 다 해줄 수도 없다. 엄마가 아니라도 언젠가, 누군가 내 아이를 사랑해주고 그 부족함을 채워줄 거다. 그러니 믿으면 된다. 아이를 위해서, 엄마 자신을 위해서.

3

아빠
심리학

••

"넌 나를 닮았구나"

이제 부부 얘기를 해야겠다. 자녀 교육에 부부 관계까지 섞이면 복잡해진다. 사실 자녀와의 기질 궁합 이전에 부부의 기질 궁합이 더 중요하다. 부부 사이가 좋아야 자녀와의 관계가 좋기 때문이다.

부부의 기질도 비슷하면 좋다. 서로 싸울 일이 적다. 또 기질이 다른 경우에도 적당히 다르면 그럭저럭 괜찮다. 서로 맞춰갈 수 있기 때문이다. 기질이 너무 상반될 때가 문제다. 아빠가 심한 FM형이고 엄마는 AM형이라면 남편은 아내가 아이를 너무 방치한다고 못마땅하게 생각하고 거꾸로 아내는 남편에게 아이를 못 잡아먹어서 안달이라고 불평한다. 부부 성향이 너무 다를 경우 싸움이 잦거나 어느 한쪽이 일방적으로 끌고 가게 마련이다.

부부가 자녀의 교육관 차이로 문제가 있을 때 한쪽이 '선'이고 한쪽이 '악'이 될 수가 있다. 열심히 공부시키는 엄마는 악의 역할, 좀 놔두라고 하면서 뒤에서 다 받아주는 아빠는 선이 될 수 있다. 한쪽 편에 악역을 몰면 안 된다. "네 엄마 왜 저런다니?" "아빠가 너희한테 너무 심하게 하네" 하면서 배우자를 '디스'하는 경우가 많다. 이렇게 한쪽을 따돌리면 안 된다. "네 엄마가 너무 안달하는 것 같지만 그래도 이런 마음이니까 이해해라" "아빠가 조금 심한 거 같지만 이런 마음으로 그러는 거니 이해해라" 하고 배우자의 편을 들어줘서 자녀들이 느낄 선/악 이분법적 감정을 막아야 한다.

아이를 어떻게 키울까 하는 방법론보다 훨씬 중요한 게 있다. 그건 자녀가 부모를 어떻게 바라보는가이다. 자녀가 부모를 존경해야 한다. 최소한 부모를 나쁘게, 또는 우습게 보지 않아야 한다. 배우자가 서로를 배척하면 안 된다. 아내의 훈육 스타일이 마음에 들지 않아도 자녀에게 엄마 험담을 하면 안 되고 남편의 교육 방법이 못마땅하다고 아빠를 악으로 느끼게 하면 안 된다. 내키지 않더라도 배우자를 높여주는 말 습관을 들여야 한다.

공부 머리도 마찬가지다. "너는 어쩜 그리 수학을 못하니. 아빠 닮았나." 그러면 아이는 형편없는 자기의 수학 점수를 볼 때마다 무의식 속에 아빠가 오버랩 된다. 아이도 아빠도 동반 추락이다. 아이의 좋은 점을 두고 배우자 닮았다고 말해야 한다. 그나마 잘 나온 국어 점수를 보면서 "쟤는 국어는 잘해. 당신 머리 닮았나 봐" 하는 식으로 말이다. 그러면 두 사람이 이득이다. 아빠도 자존감이 올라가고 아이는 잘난 아빠를 닮은 능력 있는 아이가 된다.

닮은 걸 굳이 얘기하고 싶으면 좋은 건 배우자 닮았다고, 덜 좋은 건 나를 닮았다고 말하도록 연습하자. 좋은 건 "아빠 닮았네" 하고, 안 좋은 건 "하하, 어쩌면 꼭 나를 닮았니" 하고. 나를 희생해서 두 사람을 살리자. 자녀 교육의 기본 중 기본은 자녀가 엄마 아빠를 좋은 사람으로 생각하고 존경하는 마음을 갖게 하는 것이다.

• •

엄마와 아빠의 차이

책을 내고 엄마들한테 항의성 피드백을 들었다. "왜 『아빠 심리 수업』은 안 쓰나요? 왜 만날 엄마만 책임이 있고 엄마만 잘하라고 하나요?" 그 마음 충분히 이해한다. 많은 엄마들이 아빠도 자녀 교육에 책임을 지길 바란다. 당연하다. 하지만 아빠들은 그게 잘 안 된다. 왜 안 될까? 엄마와 아빠가 다르기 때문이다. 다음은 내가 생각하는 엄마와 아빠의 차이다.

'엄마는 불안하지만 아빠는 불안하지 않다.' 아빠가 자녀 일에 무관심하다고들 하는데 불안하지 않으니 별생각이 없는 것이다.

'엄마 머릿속에는 24시간 아이가 존재하지만 아빠는 눈앞에 보일 때만 아이가 존재한다.' 엄마는 어딜 가서 뭘 하든 아이가 머릿속에 있지만 아빠는 아이가 눈에 안 보이는 순간 머릿속에서도 사라진다.

'엄마는 아이의 미래가 걱정이지만 아빠는 현재의 결과만 눈에 보인다.' 엄마는 아이의 생명 파수꾼이라 아이가 겪을 최악의 경우를 생각하게 된다. 그래서 늘 걱정이다. 아빠는 아이의 미래를 크게 걱정하지 않는다. 지금의 결과치만 본다.

'엄마는 아이의 마음을 살피지만 아빠는 아이의 능력을 살핀다.' 대부분의 아빠가 자녀를 보는 기준은 '능력'이다.

'엄마는 자기 육아법을 불안해하지만 아빠는 자기 육아법에 대해 걱정을 안 한다.' 사실 걱정을 안 하는 게 아니라 아빠의 육아법이 있는지조차도 생각하지 않는다. '내 육아 방식에 문제가 있을까' 하고 고민하는 아빠가 몇 명이나 될까?

'엄마는 디테일하게 아이의 모든 것을 살피지만 아빠는 보고 싶은 것만 본다.' 엄마는 아이의 모든 것을 관찰한다. 심지어 보이지 않는 것까지 본다. 아빠는 눈앞에 있는 아이가 잘하고 있나 못하고 있나만 볼 뿐이다.

'엄마는 심리에 관심이 많지만 아빠는 심리에 관심이 없다.' 엄마는 자신의 심리나 자녀의 심리에 대해서 공부도 하고 고민도 한다. 반면 어느 아빠가 자기 어린 시절 상처가 아이에게 영향을 주지나 않을지 고민을 할까? 애착 관계를 고민할까?

이상이 아빠에 대한 나의 생각이다. 그래서 『아빠 심리 수업』이라는 책을 쓰지 않는 것이다. 팔리지 않을 테니까. 그리고 스스로 육아서를 사서 보는 아빠는 이미 좋은 아빠다. 그런 책 안 봐도 되는 아빠다. 아빠 심리를 강의하는 책이 나오면 아마 엄마가 먼저 읽고 남편에게 권할 것이다. "당신, 이 책 좀 읽어봐" 하면 "왜 내가 그런 게 필요해? 당신이나 읽어!" 이럴 게 틀림없다.

• •

아내 말을 듣자

내 강의를 들으러 부부가 같이 왔다. 아빠가 자녀 교육에 관심이 많아서 온 건지, 내키지 않지만 아내 손에 끌려 왔는지는 모르겠다. 그 아빠가 질문을 했다.

자녀 교육은 삼각관계잖아요. 엄마만 생각하면 오히려 쉬운데 아빠가 끼면 복잡해지는 것 같아요. 저도 그래요. 아이도 생각하지만 아내 마음도 생각해야 되니까요. 부부가 자녀 교육에 대해 의견 차가 많이 나면 문제가 크잖아요. 어떻게 하죠?

이렇게 답해드렸다.

그렇지요. 엄마만 자녀를 키우는 게 아니니까요. 늘 부부 관계가 문제지요. 교육관이나 가치관도 다르고 기질도 차이가 있고요. 당연히 갈등이 많지요. 아빠가 어떻게 하면 되나? 복잡할 것 같지만 아주 간단한 방법이 있어요. 그게 뭐냐? 아내가 하라는 대로 하시면 됩니다. 아내가 이렇게 하라면 이렇게 하고 저렇게 하라면 저렇게 하고요. 그러면 됩니다.

그분이 다시 질문했다.

하지만 아내가 다 옳다고 할 수는 없지 않나요? 문제가 있을 때는 논의하고 대화해야 하지 않나요?

네. 그렇지요. 당연합니다. 부부가 논의해서 타협을 볼 수 있다면 문제가 안 됩니다. 하지만 타협하기가 쉽지 않지요. 대개 서로 상대방이 문제라면서 갈등만 생기고 잘해야 봉합해놓고 속만 상합니다. 자녀 키우는 데 누가 더 고민하고 누가 더 고생하나요? 엄마입니다. 그러니 엄마에게 우선권이 주어져야 합니다. 남편이 다른 의견을 제시했는데 아내가 인정을 안 한다면 무조건 쿨하게 져줘야 합니다. 져줘야 되는 이유가 두 가지가 있어요. 하나는, 안 져준다고 이기나요? 못 이깁니다. 싸움만 나지요. 엄마가 아빠 주장에 굴복해서 엄마 스타일을 바꿀 수 있을까요? 바꾸지 못해요. 지금

하고 있는 방법이 엄마가 자녀를 사랑하는 최선의 방법이라고 믿고 있으니까요. 엄마의 사랑법을 버리라는데 어떤 엄마가 그럴 수 있겠어요? 그리고 아빠가 져줘야 하는 또 하나 이유는 어찌 됐든 엄마가 마음이 편해야 하기 때문입니다. 엄마가 마음이 불편하면 뭘 해도 소용없습니다. 아이 정서에 안 좋은 거죠. 제일 고생하고 제일 영향력 많은 엄마의 마음을 편하게 해줄 책임이 아빠한테 있는 거죠. 그렇게 쿨하게 져주고 아내 편 들어주면 지금은 남편 말에 귀 닫고 있는 아내도 나중에는 귀 열고 마음도 열 수 있는 겁니다. 정말입니다. 이제부터 아내가 하라는 대로 하시면 됩니다. 그런데 하실 수 있을까요?

네! 알겠습니다. 그렇게 하겠습니다!

좋은 아빠임에 틀림없다. 많은 남편들이 아내 말을 잘 안 듣는다. 쓸데없는 사람들 말은 잘 들으면서 왜 아내 말은 안 듣는지 모르겠다. 아빠들만 모아놓고 강의하고 싶다. 수많은 이론과 예시를 들어서 왜 아내 말을 들어야 하는지 구구절절 설명할 것이다. 그리고서 딱 이 문장 하나만 아빠들의 머릿속에, 마음속에 집어넣을 것이다. "아내 말만 잘 들으세요."

교육에 쿨한 아빠가 되자

자녀 교육에 미치는 영향력을 평가할 때 엄마와 아빠의 비율이 8 대 2나 7 대 3 정도로 엄마의 영향이 크다고 본다. 내 생각에 아빠의 자녀 교육은 간단하다. 자녀와 잘 놀아주고 아내 말만 잘 들으면 된다. 솔직히 아빠는 문제만 안 일으키면 그나마 괜찮다고 난 생각한다. 자녀를 무시하고 구박하는 아빠, 폭력적인 아빠, 너무 고지식하고 무지막지한 훈육을 하는 아빠만 아니어도 중간은 된다고 본다. 최소한 자녀에게 직접적인 악영향은 주지 않기 때문이다.

물론 자녀 교육에 열심인 아빠들도 있다. 바람직한 아빠다. 자녀 교육에 신경 쓰는 아빠도 두 유형으로 나뉜다. 하나는 엄마를 보완해주는 수동형, 또 하나는 엘리트 교육을 목적으로 하는 능동형이다. 수동형은 아내의 자녀 양육을 보완하는 역할을 한다. 이런 아빠는 특별한 교육 목적을 두지 않는다. 그저 자녀와 관계를 좋게 유지하고 아내의 부담을 덜어주기 위해 자녀와 이야기하고 놀아주는 역할이다. 능동형 아빠는 자녀의 능력을 길러주려는 목적이 있다. 학교 성적이나 영어, 한자 등의 지식 능력, 돈 개념이나 대화, 인간관계 등의 사회적 능력, 또는 운동이나 예술 등의 체육·문화적인 능력을 키워주려고 한다. 한마디로 능력 향상을 위한 엘리트 교육을 목표로 한다. 물론 두 유형이 완전히 따로 분리되는 건 아니다. 어디에 더 비중을 두느냐 하는 차이다. 아빠가 자녀와 미술관에 간다고 할 때 수동형 아빠는 그저 자녀와의 문화 활동을 주된 목적으로 한다. 미술 작품이나 작가에 대한 공부는 관심이 없거나 있어도 여가 활동의 덤일 뿐이다. 능동형 아빠는 문화 활동을 교육 수단으로 보기에 작품이나 작가에 대한 공부를 더 중요시한다.

두 유형 중에 수동형은 자상한 아빠 역할을 할 뿐이니 크게 문제 될 게 없다. 다만 능동형은 약간 조심해야 할 부분이 있다. 엘리트 교육을 하는 아빠의 잠재의식에는 '능력'이 자리 잡고 있다. 아빠가 가르치면 자녀는 잘 따라야 하고 결과를 내야 한다고 여긴다. 그러지 못하면 '한심한' '무능한' 자녀가 될 수 있다. 특히 아들의 입장에서 아빠는 권력자고 능력자다. 아들의 무의식 속에서 아버지는 경쟁의 대상이자 열등감의 근원이다. 아들은 아빠가 가르치는 수준에 도달하지 못할 경우 상당한 열등감과 자괴감에 빠진다. 딸의 경우도 마찬가지다. 딸은 아빠의 사랑이 중요하다. 그런데 자신의 능력에 따라 아빠의 사랑이 변한다고 느끼면 불안하다. 자기가 못하면 그 사랑이 언제 사라질지 모르기 때문이다. 아빠가 엘리트 교육을 하더라도 아이 수준에 맞춰 언제든지 기준을 내리고 지금 수준의 아이를 있는 그대로 인정할 수 있는 마음을 갖고 있어야 한다.

나는 사실 아빠의 엘리트 교육을 별로 추천하지 않는 편이다. 자녀가 FM 스타일에 능력도 있다면 아빠의 가르침을 잘 따라서 인정을 받겠지만 그런 경우는 많지 않기 때문이다. 간혹 아빠가 엘리트 교육을 해서 아이가 잘됐다는 성공 스토리도 보인다. 그런 경우 대부분 아빠와 자녀가 강한 FM 스타일인 경우가 많은데 아빠의 능력도 훌륭하지만 그걸 잘 수행한 자녀의 공이 더 크다고 봐야 한다.

마지막으로 아빠는 자녀의 성적에 연연하지 않았으면 좋겠다. 아빠가 너무 자녀 성적에 집착하면 엄마가 괴롭다. 아빠의 눈치를 보게 되고 어쩔 수 없이 아이를 몰아붙이게 된다. 잘못하면 엄마와 아이 둘 다 죄인이 된다. 아빠는 그저 성적이 좋으면 기뻐하고 성적이 안 나오면 당연한 듯이 편안해하면 좋겠다. 그리고 이렇게 생각해야 한다. '아이가 공부 못하는 건 절대 아내 탓이 아니다. 그건 내 머리를 닮은 탓이거나 아이가 소질이 없어서다' '아이가 공부 잘하는 건 모두 아내 덕이다. 아내 머리 닮았거나 아내가 잘 받쳐줘서다.' 이렇게 생각하는 아빠는 참 좋은 아빠다.

2부

훈육

1

차원이 다른
훈육법

●●
마시멜로와 조절력

'마시멜로 실험'이라는 유명한 실험이 있다. 방식은 간단하다. 선생님이 네 살짜리 아이에게 마시멜로 한 개를 준다. 먹지 않고 15분을 참으면 한 개를 더 준다고 말하고 선생님은 방을 나간다. 그러고 아이가 마시멜로를 먹는지 안 먹는지 지켜본다. 참가한 아이들 중 3분의 1이 15분을 참고 마시멜로 하나를 더 받았다. 이 실험 후에 15년이 지나서 10대가 된 아이들을 다시 조사하였다. 결과는 마시멜로를 먹지 않고 참은 아이일수록 학교생활이 훨씬 우수했고 대학 입학시험(SAT)에서 더 나은 성적을 보였으며 자녀들에 대한 부모들의 평가도 우수했다. 이들이 40대가 되었을 때 다시 추적 연구를 하였다. 그 결과는 참지 못하고 먹었던 꼬마들은 비만, 약물중독, 사회 부적응 등의 문제를 가진 어른으로 살고 있는 데 반해 인내력을 발휘한 꼬마들은 성공적인 중년의 삶을 살고 있었다.

이 실험이 유명해지자 많은 엄마들이 집에서 자녀를 데리고 실험을 했다. 아이가 좋아하는 과자를 하나 주고 15분 참으면 두 개를 준다고 한 뒤에 아이를 혼자 놔두고 방을 나간다. 엄마는 밖에서 노심초사 기다린다. 어떤 아이는 15분을 참아서 엄마를 기쁘게 해주었고 어떤 아이는 엄마가 나가자마자 홀랑 과자를 집어먹어서 엄마를 당황케 했다.

마시멜로 실험은 참는 힘의 중요성을 말하고 있다. 참는 힘은 조절력이다. 조절력은 아이들이 갖춰야 할 핵심 덕목 중 하나다. 욕망을 조절하고 감정을 조절하고 행동을 조절할 수 있어야 한다. 조절력이 잘 형성된 아이는 부모가 걱정할 게 없다. 게임, 인터넷, 술, 마약 등의 중독에 안 빠지기 때문이다. 최소한 자기를 지키고 보호하는 능력이 있으니 안심이다.

조절력도 어느 정도 타고난다. 마시멜로 실험의 대상은 네 살짜리 아이들이다. 네 살 아이가 참는 훈련을 해온 것도 아니니 어찌 보면 '기질 실험'이라고 할 수 있다. 잘 참는 기질의 아이가 있고 잘 참지 못하는 아이가 있다. 하지만 기질에 따라 조절력을 키워주거나 안 키워주거나 할 게 아니다. 무조건 자기 조절력은 키워야 한다. 조절력을 키우는 게 바로 '훈육'이다.

•• 초자아를 만드는 과정

훈육은 단순히 '해라' '하지 마라' 하고 야단치는 게 아니다. 훈육은 정신분석학적으로 중요한 의미가 있다.

프로이트는 인간의 정신 구조를 '이드' '자아' '초자아'로 구분했다. 이드는 욕망과 쾌락을 추구하는 동물적 본능이다. 초자아는 도덕과 윤리를 주관한다. 자아는 이드와 초자아, 둘 사이에서 갈등하면서 어느 한 편을 선택하는 역할이다. 하고 싶은 대로 해버리는 성질이 '이드'고, 참아야 된다고 통제하는 성질이 '초자아'다. 조절력은 초자아에서 나온다. 자녀의 초자아는 부모의 훈육으로 만들어진다.

어린아이들은 한마디로 이드 덩어리다. '내가 원하는 것을 하겠다!'가 아이들의 전부다. 이런 이드 덩어리 아이들에게 초자아를 심어주는 게 '훈육'이다. 부모의 '안 돼'를 통해 아이 속에 초자아가 자란다.

사탕을 달라고 조르는 아이에게 엄마가 "안 돼! 사탕 많이 먹으면 이빨 썩어!" 하고 야단을 친다. 아이가 울고불고 떼를 쓰지만 엄마한테 야단만 더 맞는다. 아이는 부모와의 투쟁 속에서 좌절을 겪는다. 세상이 내 뜻대로 되는 줄 알았는데 그게 아니다. 세상이 내 맘대로 안 되니 어쩔 수 없이 내가 세상에 맞춰야 한다. 이제 세상과의 싸움이 아니라 내 욕망과의 싸움, 즉 나와의 싸움이 된다. 나와 싸워서 이기는 것, 바로 극기(克己)다. 극기란 심리학적으로 설명하면 '초자아 나'가 '이드 나'를 물리치는 것이다.

내면화의 무서운 힘

엄마의 "안 돼! 안 돼!"가 어떻게 아이 머릿속에 초자아를 만들까? 그 원리는 '내면화' 때문이다. 내면화란 부모의 생각이 아이 머릿속으로 들어가는 것이다.

아빠가 어린 딸에게 "여자는 늦게 돌아다니면 안 돼. 10시까지는 집에 들어와야 한다" 하고 반복적으로 교육했다. 딸이 성장해서 대학생이 되었다. 친구들하고 놀다가 밤 9시가 넘으니 딸의 머릿속에 아빠가 나타난다. 친구들한테 "나 먼저 간다" 하니 친구들이 묻는다. "왜 벌써 가?" 딸이 말한다. "응, 아빠가 10시까지 들어오라고 했어." "아이고, 너희 아빠 고리타분하네. 그냥 놀다 가자." "안 돼! 아빠한테 혼나." 딸은 집에 들어간다. 10시 한참 전까지 친구들하고 놀 때는 그 자리에 아빠가 없었는데 10시가 다가오니 없던 아빠가 나타났다. 아빠가 딸 머릿속에 내면화한 것이다.

하지만 이 정도는 초보 수준의 내면화다. 10시까지 들어가야 한다는 건 '아빠'의 생각이지 '자기 자신'의 생각이 아니다. 이 내면화가 더 깊어지면 이렇게 된다. 친구들하고 놀다가 9시가 넘었다. 이 딸이 갑자기 일어나더니 "얘들아, 9시 넘었다. 집에 가자." "야! 왜 벌써 가자고 그래?" 딸이 당연한 듯이 말한다. "곧 10시잖아. 10시 까지는 집에 가야지. 이상한 애들이네." 여기에 아빠는 등장하지 않는다. 그렇다. 아빠의 생각이 완전히 딸 머릿속에 들어가서 딸 생각이 돼버린 것이다. 이것이 완전한 내면화다.

훈육은 완전히 내면화되어야 강력한 효과를 발휘한다. 완전히 내면화되지 않은 경우에는 아빠가 출장 가서 집에 없다면 이 딸은 아빠한테 혼날 일이 없으니까 10시까지 안 들어갈 가능성이 있다. 하지만 완전히 내면화되었다면 아빠가 있든 없든 이 딸은 10시 전에 집에 들어갈 것이다. 자신의 가치관이니까. 그게 당연하니까.

내면화는 일종의 세뇌라고 할 수 있다. 심하게 표현하면 훈육은 부모의 가치관을 자녀에게 세뇌하는 무서운 심리 작업이다.

• •

훈육의 두 가지 차원

훈육에는 저차원의 훈육이 있고 고차원의 훈육이 있다. 여기서 저차원 훈육이란 나쁘고 잘못됐다는 뜻이 아니라 약간 불완전한 훈육이라는 의미다. 불안과 두려움을 심어주면 저차원 훈육이고 사랑과 칭찬을 심어주면 고차원 훈육이다.

초자아에는 두 가지 속성이 있다. 하나는 나쁜 짓을 하면 벌을 받는다는 '죄와 벌'이고 다른 하나는 좋은 사람이 돼야 한다는 '자아 이상'이다. 저차원 훈육은 초자아 중에서 '죄와 벌'을 강조하는 것이고 고차원 훈육은 '이상적인 나'를 강조하는 것이다.

아이가 친구 장난감을 몰래 가져왔다. 아빠가 알고 화가 나서 "너, 남의 물건 훔치면 나쁜 짓이야!" 하고 아들을 체벌했다. 이후에 아이가 또 남의 물건에 손을 댔는데 그때마다 아빠는 "이 나쁜 놈! 너 감옥 갈래?" 하면서 체벌했다. 아이는 다음에 친구 장난감에 손이 갈 때, '아, 아빠한테 또 맞을 거야' 하면서 멈출 것이다. 이런 훈육은 자녀에게 외적인 두려움을 심어주는 훈육이다. 물론 훈육에서 죄와 벌을 강조해서 타인에게 해가 되는 행동을 못 하게 하는 건 기본 중의 기본이다. 하지만 그 기본에다가 '이렇게 행동하면 너는 괜찮은 아이야' 하는 긍정적인 가치를 더해주면 한층 격이 높은 훈육이 된다.

친구 장난감을 가져온 아이에게 이렇게 설명을 한다. "네가 친구 장난감을 몰래 가져오면 그 친구는 얼마나 화나고 마음이 아프겠니? 너는 다른 사람 마음 아프게 하는 사람 되지 말고 마음 아픈 사람을 위로하고 도와주는 사람이 돼야지. 알았지?" 두려움이 아닌 사랑을 심어주는 훈육이다. 아이가 친구 장난감을 그냥 가지고 오려다가 '아냐. 내가 이걸 갖고 가면 저 친구 마음이 안 좋을 거야. 그러면 안 되지' 한다. 선한 가치관이 아이 머릿속에 완전히 내면화한 것이다.

왜 이 두 가지 훈육을 저차원, 고차원이라고 할까? 죄와 벌을 강조해서 두려움을 심어주는 훈육은 처벌하는 권력자가 없을 때는 그 효력이 떨어지기 때문이다. 아빠가 없으면 야단맞지 않으니까 몰래 훔치고, 엄마가 없으면 게임 속에 빠진다. 하지만 자아 이상을 강조하는 사랑과 칭찬의 훈육은 아빠가 없어도 훔치지 않고 엄마가 없어도 게임에 빠지지 않는다.

인사 예절 교육도 마찬가지다. "너 인사 안 하면 사람들이 널 싫어하고 나쁜 애라고 할 거야"라고 훈육하면 아이는 욕 안 먹기 위한 불안과 두려움의 인사를 하게 된다. 그러면 '욕먹으면 안 돼' 하는 불안과 눈치의 초자아가 형성된다. "네가 인사 잘 하면 사람들이 기분 좋아지고 널 좋은 애로 생각할 거야" 하면 아이는 긍정의 인사를 하고 인사하면서 자존감이 높아진다. 남도 좋고 나도 좋은 당당한 초자아가 형성된다.

2

어느 정도까지
훈육해야 할까

● ●

과도한 훈육의 특징

훈육할 때는 두 가지를 주의해야 한다. 하나는 과도한 훈육이고 또 하나는 너무 약한 훈육이다. 먼저 과도한 훈육은 다음과 같은 특징이 있다.

첫째, 매사에 기준이 높고 완벽을 추구한다. 카페에서 아는 엄마를 만났다. 초등학교 1학년 아들과 같이 있었다. 아이가 나한테 고개를 까딱하면서 "안녕하세요" 했다. 엄마가 그 자리에서 야단을 쳤다. "인사 똑바로 못 해?" 아이가 엄마 눈치를 보더니 이번에는 고개를 30도 숙이면서 배꼽 인사를 했다. 이처럼 과도한 훈육은 자녀 행동에 대한 기준이 높다는 특징이 있다. 매사를 완벽하게 해야 한다.

밥 먹을 때, 사람들 만날 때, 외식할 때 지켜야 할 규칙들이 있다. 엄마는 아이의 행동 하나하나에 지적을 한다.

둘째, 자녀의 사소한 행동에 비해 정도가 심하게 야단을 치거나 과한 벌을 준다. 아이가 딴짓하다가 인사를 못 할 수도 있고 그냥 가볍게 인사할 수도 있는데 그것을 못 견딘다. 그저 "인사 똑바로 해야지" 하고 부드럽게 이야기하는 정도면 충분할 텐데 크게 혼내고 벌을 준다. 심한 경우 집에 가서 "엄마가 인사할 때 어떻게 하라고 했어!" 하면서 야단치고 손바닥을 때린다.

사이코드라마를 하다 보면 어린 시절의 트라우마에 대한 이야기가 많이 나온다. 그중에는 어렸을 때 자기는 뭣도 모르고 한 일인데 부모에게 엄청 심하게 벌을 받았던 경험들이 많다. 친구 물건을 훔쳤다고 발가벗긴 채 엉덩이를 멍이 들게 맞았다거나, 거짓말했다고 알몸으로 집 밖에서 손 들고 있었다는 경험 등이다. 부모 입장에서야 '바늘 도둑이 소도둑 된다'고 어렸을 때 뿌리를 뽑아야 한다고 생각할 수 있겠다. 하지만 죄에 대한 개념이 아직 성립되지 않은 아이에게 과도한 벌을 줄 경우 두려움과 분노, 수치심만 남는다. 그렇게 한 방에 끝내려는 훈육은 좋지 않다. 후유증만 생기고 자녀와의 관계만 악화된다.

셋째, 아이를 좋은 아이, 못된 아이라고 이분법적으로 평가한다. 딸이 여섯 살인데 집으로 제 친구가 놀러 왔다. 딸이 사탕을 꺼내 혼자 먹는 걸 보자 엄마가 딸을 불러서 엄하게 야단을 쳤다. "너 왜 이렇게 못됐니? 친구가 왔는데 사탕을 너 혼자 먹으면 어떻게 해? 친구가 먹고 싶겠어, 안 먹고 싶겠어! 빨리 친구도 하나 줘!" 딸은 엄마 눈치를 보면서 친구에게 사탕을 하나 줬다. 이 엄마는 사탕을 혼자 먹었다고 딸을 못된 애로 몰아붙였다. 아이들은 착하지도 나쁘지도 않다. 그저 그 중간에서 왔다 갔다 한다. 그게 아이들이다. 그런데 이 엄마는 착하지 않으면 나쁜 애라고 생각한다. 인사를 안 하면 못된 애, 사탕 혼자 먹으면 이기적인 애, 물건 정리 안 하면 게으른 애다. 내 아이가 못된 애, 나쁜 애라는 생각이 자주 든다면 자신이 너무 과도한 초자아 엄마가 아닌지 살펴볼 필요가 있다.

• •

엄격함 뒤에는 불안이 있다

강한 초자아 엄마가 문제다. 그런 엄마의 특징은 완벽해야 하고 조그만 잘못도 용납 못 하고 죄와 벌에 묶여 있다. 잘하고 못한 것으로 늘 자신을 평가하고 단죄한다. '날 싫어하지 않을까' '저 사람이 기분 나빠하지 않을까' 하는 불안이 있다. 그 불안이 아이에게 투사되어 아이도 남에게 흠 잡히지 않아야 한다. 아이가 흠 잡히면 엄마 자신이 욕먹는 것으로 생각하기 때문이다. 엄마는 아이가 예의 없는 행동을 해서 가정교육이 잘못된 아이로 보일까 봐 늘 가르친다. 인사할 때는 꼭 배꼽 인사해라, 존댓말을 써야 한다, 어른과 이야기할 때는 건방지게 보이면 안 된다 등등.

　이런 엄마들도 있다. 하루를 보내면서 그날 자신이 뭘 잘못했는지 매일 반성한다. 자기만 그런 게 아니라 저녁 시간에 아이들까지 모아놓고 뭘 잘못했는지 반성하는 시간을 갖는다. 엄마가 자녀를 향해 이런 반성도 한다. "오늘 엄마가 ○○에게 말을 함부로 한 거 같아. 미안해. ○○는 엄마한테 뭐 잘못한 거 없어? 생각해봐." 좋은 것 같아 보여도 그렇지 않다. 세상에 그렇게 완벽하게 사는 사람 없다. 큰 잘못이 아니면 그냥 일상생활이라고 생각해야 한다. 여유와 여백이 있어야 한다. 작은 잘못까지 찾아내서 반성하는 건 너무 혹독한 일이다.

　엄마의 기질 중에서 강한 FM 스타일이 과도한 훈육을 할 가능성이 상대적으로 높다. 자녀의 행동 하나하나에 잘했나 못했나를 따진다. 그리고 이런 말을 많이 한다. "했어? 안 했어?" "왜 그렇게 했어?" "어떻게 해야 되겠어?" "지금 네 모습을 봐!"

　엄마는 자신의 초자아 수준을 돌아봐야 한다. 내가 너무 엄격한 초자아, 불안과 두려움의 초자아가 있는 건 아닌지 살펴봐야 한다. 자녀가 남에게 흠을 잡힐까 걱정하는 불안의 훈육인가? 아니면 더불어 사는 데 필요한 긍정의 훈육인가? 부모 말에 복종해야 한다는 독재적 훈육인가? 유연한 규칙을 인정하는 민주적 훈육인가?

　강한 초자아 엄마는 자녀가 지켜야 할 규칙을 살짝 느슨하게 하고 훈육도 살짝 약하게 해야 한다. 그러다가 남들한테 욕먹는 아이가 될까 걱정이라고? 걱정 마시라. 그 엄마에 그 아이니까. 느슨하게 해도 보통 엄마들 수준보다 더 착하게 키우는 거고 이드형 엄마보다는 훨씬, 엄청 착하게 키우는 거니까.

자신이 과도한 훈육을 하는 건 아닌지 확인하고 싶다면 일주일만 혀를 깨물어보자. 말 안 하고 넘어가도 될 일에 습관적으로 지적을 하고 있는지를 금방 확인할 수 있다.

● ●

기질에 따른 훈육법

과도한 훈육을 할 경우 자녀가 착한 아이 콤플렉스에 걸릴 수 있다. 이런 아이는 '착하지 않으면 나쁜 애다. 그러면 미움받는다'는 잠재의식이 있다. 겉으로는 예의바르고 얌전하지만 속은 눈치와 불안이 많다. 또한 남의 눈치 보면서 자기 주장 못 하고 남의 말에 좌우되는 삶을 살 수 있다. 나의 욕망과 타인의 욕망이 부딪치면 자신의 욕망을 포기한다. "네가 괜찮으면 나는 안 괜찮아도 돼" 즉 "You are OK, I'm not OK" 인생이 된다. 특히 강한 FM 부모와 순한 아이의 조합에서 문제가 될 수 있다.

순한 FM 기질의 아이의 경우 말 잘 듣는다고 너무 좋아만 할 건 아니다. 그런 아이들은 자기 의견을 충분히, 강하게 내지 않는다. 그저 투정이나 지나가는 말처럼 이야기할 때가 많다. 그럴 경우 엄마가 "그냥 해!" "그것도 못 하니!" 하면 아이는 더 이상 말 안 하고 엄마 말에 따른다. 이런 상황이 반복되면 아이는 속으로 조금씩 화가 쌓이거나 무기력해진다. 순한 FM 아이일수록 엄마가 아이 말에 귀를 기울여야 한다. 아이가 지나가는 말이나 투정 같은 말투로 의견을 표현할 때 충분히 들어주고 아이 의견에 따르려고 해야 한다.

'말 잘 듣는 아이가 위험하다'느니 '착한 아이로 키우지 말라'느니 하는 주장은 이런 '순한 아이'의 경우에 해당하는 얘기다. 부모 말에 너무 순순히 복종하는 아이는 감정 표현도 잘 하지 않고 욕망도 억제한다. 그러다 보면 사춘기나 그 이후에 내부의 에너지 표출이 제대로 안 돼서 은둔형 외톨이처럼 동굴 속으로 숨거나 엉뚱한 행동으로 사고를 치기도 한다.

'착한 아이로 키우지 말라'라는 말은 기질이 센 자녀에게는 해당하지 않는다. 기질이 센 아이는 엄마가 아무리 착하게 키워도 자기 힘을 밖으로 쓰려는 스타일이라 소위 착한 아이 콤플렉스에 잘 안 걸린다. 센 기질 아이를 자칫 제대로 훈육하지 않으면 정말 '나쁜 아이'가 될 우려가 있다.

● ●

사랑의 매?

몇 년 전 신문에 났던 기사다.

프란체스코 교황이 바티칸에서 열린 '수요 일반 알현' 행사에서 버릇없는 아이에게 매를 드는 것을 지지한다는 입장을 밝혔다고 AP 통신이 보도했다. 교황은 이날 모인 7000여 명의 군중에게 부권을 언급하며, 한 아버지를 만나 상담했던 일을 소개했다. 그 아버지는 교황에게 "때때로 아이들을 체벌할 필요가 있다"며 "그러나 모욕감을 느끼지 않도록 절대 얼굴은 때리지 않는다"라고 말했다. 이에 대해 교황은 "잘한 일"이라며 "그 아버지는 존엄성을 지켰다"라고 평가했다. 또 교황은 아버지들이 아이들의 잘못을 눈감아주는 약한 모습을 보이지 말고 엄하게 바로잡아야 한다고 조언했다. 체벌에 대한 교황의 유화적인 입장은 자녀 훈육 방법과 교황청 정책에 대한 논란을 가열시킬 것으로 보인다.

인자하신 교황님도 체벌을 인정하는 듯 말했다. 체벌이 우리나라뿐 아니라 전 세계적으로 논란이다. 체벌을 반대하는 이유는 크게 세 가지다. 첫째는 체벌은 훈육에 효과가 없다는 체벌 무용론이고 둘째는 아이의 인성에 악영향을 끼친다는 것, 셋째는 반인권적이라는 것이다. 체벌이 필요하다고 하는 경우는 딱 한 가지다. 말로 하고 간접 체벌을 해도 소용이 없을 때 훈육을 위해 어쩔 수 없다는 것이다.

지금 시대는 체벌을 폭력으로 본다. "사랑의 매는 없다. 매는 폭력일 뿐이다"라는 주장이 대세다. 그래서 '사랑의 매는 필요하다'라고 말하기가 쉽지 않다. 하지만 많은 가정에서 교육적이든 비교육적이든 체벌은 일어나고 있다. 체벌의 위험성을 알리기 위해서라도 체벌의 심리적 의미를 정리할 필요가 있겠다.

• •

체벌하는 부모의 네 가지 유형

자녀를 때리는 부모는 심리학적으로 보아 네 가지 유형으로 나눌 수 있다.

첫째, 병적 이드형이다. 때릴 만한 이유가 아닌데 무식하게 때리는 부모다. 밥 안 먹는다고, 늦게 일어난다고, 말 안 듣는다고 때린다. 기분 내키는 대로, 손 가는 대로 때리는 부모다. 이런 부모는 반성도 하지 않고 죄책감도 없다. 이건 체벌이 아니고 폭력이며, 훈육이 아니고 학대다. 이런 병적 체벌의 경우에는 자녀에게 건강한 초자아가 형성되는 게 아니라 병적 이드만 더 강해진다. '폭력이 학습되어 약한 자에게 공격적이 될 수 있다' '내면에 분노의 감정이 쌓인다' '폭력이고 인권 유린이다' 등의 말이 나오는 이유가 이런 병적 체벌 때문이다.

두 번째, 가벼운 이드형이다.

오늘도 화를 못 참고 다섯 살 딸아이 등짝을 때렸습니다. 목욕하자고 했는데 "조금만, 조금만" 해서 10분 놀고 하기로 약속했습니다. 그런데 10분 지났는데도 안 하겠다고 땡깡을 피워서 나도 모르게 등짝을 두 대 팍팍 때렸어요. 왜 화를 못 참고 손이 먼저 나갈까요?

가벼운 이드형은 감정을 못 참고 욱해서 손이 올라가는 경우다. 공부 가르치다가 이것도 못하냐면서 아이 머리를 한 대 쥐어박고, 스마트폰 오래 한다고 등짝 한 대 치는 식이다. 아이를 때리는 엄마들 중에서 제일 많은 타입이다. 옛날이라면 이런 식으로 때리는 게 평범한 자녀 교육법의 하나였지만 지금은 시대가 바뀌어 문제 행동이 되었다. 이런 행동은 엄마의 짜증 때문에 일어난다. 화풀이용 손찌검이니 당연히 비교육적이다.

짜증 난다고 왜 손이 올라갈까? 잠재의식 속에서 자녀를 자기 '똘마니'처럼 여기는 심리가 있기 때문이다. 혹 똘마니라고 들어보셨는지. 똘마니는 '자기 마음대로 할 수 있는 부하'라는 뜻이다. 학교생활에서도 똘마니가 있다. 자기보다 수준이 낮은 아이를 함부로 대하고 꿀밤도 때리고 뒤통수도 치는 경우다. 부모도 인간인지라 자기보다 부족한 사람을 얕잡아보고 함부로 하는 심리가 있다. 함부로 대하는 대상이 사랑하는 자녀가 되었다.

엄마의 손버릇을 어떻게 고칠까? 우선 이렇게 생각해야 한다. '내 아이는 내가 함부로 해도 되는 똘마니가 아니다.' 엄마가 대장 노릇을 하면 아이는 똘마니에서 벗어나지 못한다. 자칫하다가는 내 아이가 밖에서 똘마니 대접을 받든지 아니면 엄마처럼 약한 친구들 건드리는 아이가 된다. 잘난 내 아이를 왜 아무 생각 없이 그리 키울까? 똑똑한 엄마가 똘마니의 대장 노릇을 하는 격이다. 아이를 크게 키우고 싶은가. 그러면 사랑하는 아이에게 함부로 손대지 말아야 한다. 짜증을 입으로는 내뱉어도 손까지는 올리지 말아야 한다. 안 되면 별 수 없다. 한 달 동안 손에 붕대라도 감고 있어야지.

세 번째, 병적인 초자아형이다.

저는 아들을 누구에게도 손가락질당하지 않게 완벽하게 키워야 한다고 생각했습니다. 엄해질 수밖에 없었죠. 인사를 잘 안 하거나 예의가 없다 싶으면 집에 와서 아이를 때렸습니다. 한번은 식당에 들어가기 전에 떠들지 말라고 주의를 줬는데 말을 안 들어서 바로 밥도 안 먹고 나와 뺨을 사정없이 때리고 집에 와서 굶겼습니다. 제가 정한 규칙을 어기면 가차 없이 때렸습니다.

자녀 버릇 고친다고 툭하면 때리는 경우가 과도한 초자아 체벌에 속한다. 의도는 좋을지 몰라도 방법은 무자비하다. 초등 3학년 딸에게 성경 필사하라고 하루 열 장씩 숙제 내주고 딸이 안 했다고 피멍 들게 때리는 엄마가 있다. '선'을 가르친다면서 자녀에게는 '악'을 행하는 것이다. 이런 경우가 병적 초자아형 체벌이다. 순한 기질의 아이가 이렇게 작은 잘못에도 맞게 되면 불안, 두려움, 죄책감의 초자아가 생겨난다. 반면 강한 기질의 아이는 부모의 과도한 체벌에 대해 억울함과 분노를 갖게 된다. 아이의 내면에는 건강한 초자아가 생기는 게 아니라 분노의 이드만 커진다.

마지막으로 건강한 초자아형이다.

> 엄마한테 적어도 열 번은 맞은 거 같아요. 어렸을 때 내가 고집도 세고 엄마 말을 안 들었거든요. 엄마는 내가 큰 잘못을 하거나 반복적으로 잘못했을 때 바지를 걷어 올리게 하고 회초리로 종아리를 때렸어요. 내가 생각해도 맞을 짓을 한 거 같아요. 종아리가 멍들게 맞았지만 엄마에 대한 원망은 눈곱만큼도 없고 미운 감정도 없어요. 지금도 엄마하고는 사이가 엄청 좋아요. 신기하지 않나요?

자녀가 체벌을 받아들이고 체벌한 사람에 대해 좋은 마음을 갖고 있을 때만이 '사랑의 매'라고 할 수 있다. 체벌의 핵심은 매를 통해 부모 자녀 관계가 나빠지면 안 된다는 것이다.

체벌과 기질

부모의 기질에 따라 체벌에 대한 태도도 다르다. FM 스타일에 강한 기질의 부모가 체벌에 허용적인 경우가 많다. FM 성향은 옳고 그름, 해야 하는 것과 하지 말아야 할 것의 기준이 엄격하기 때문이다. 또 강한 기질인 경우 자녀 행동 교정도 체벌과 같은 확실한 방법을 택하기 쉽다.

AM 스타일의 부모는 기준이 느슨하기 때문에 체벌해야 할 상황인지 아닌지조차 헷갈린다. 게다가 허용하는 폭이 넓어서 '저러다 좋아지겠지' 하고 넘어가는 경우가 많다. 그리고 순한 기질의 부모는 때리는 것이 천성적으로 안 맞는다. 아무래도 AM에 순한 기질의 부모보다는 FM에 센 기질의 부모가 체벌과 좀 더 가깝다.

자녀의 기질에 따라 체벌도 달리해야 한다. 어쩔 수 없이 체벌을 해야 하는 경우는 아이의 기질이 아주 세고 까다로울 때다. 행동이 거칠고 저항적이고 제멋대로인 강한 기질의 아이들이 있다. 사랑과 공감과 배려와 인내로도 안 되는 아이들이 있다. 별 방법을 다 써도 소용이 없고 제대로 훈육하지 못하면 문제아가 될 위기감이 들 때 매를 들게 된다. 사실 이런 센 아이들은 대개 심리적인 맷집도 있어서 좀 맞았다고 해서 마음에 상처를 크게 입지 않는다. 이런 기질의 아이들이 맞고 자라도 부모에게 원망 안 하고 효도한다. 부모가 자기를 나쁜 길로 가지 않게 잘 인도해줬다고 생각하기 때문이다.

반면 기질이 순한 아이에게 체벌은 독이 될 가능성이 매우 높다. 순한 아이에게는 야단치고 벌주는 것만으로도 충분하다. 순한 아이를 체벌하면 두려움과 불안을 심어주고 주눅 들고 눈치 보게 만든다. 자칫 어린 싹을 짓밟을 수 있다.

어쩔 수 없이 체벌을 할 경우 진짜 사랑의 매가 되도록 주의 또 주의해야 한다. 명심하자. 매는 두려움을 심어주는 게 아니라 사랑을 심어줘야 한다. 매는 맞는 자녀보다 때리는 부모가 더 아파야 한다.

• •

건강한 체벌의 조건

체벌을 안 하는 것이 제일 좋지만 현실적으로 체벌이 필요하다는 교육관을 갖고 있는 부모도 있다. 그런 부모들을 위해 건강한 체벌, 사랑의 매의 조건을 정리해보았다.

1. 경고하고 약속한다. 당연히 대화로 먼저 해결한다.

말로 안 될 경우 간접 체벌 등으로 행동 교정을 한다. 그래도 안 되면 체벌하겠다고 경고하고 체벌에 대해 자녀와 약속한다. 체벌의 이유를 명확하게 알려준다.

"어떤 방법을 써도 너의 행동이 교정이 안 되니 마지막 방법으로 매를 드는 거다. 이 행동이 교정이 안 되면 너에게(또는 남에게) 해가 되기 때문에 엄마는 더 이상 방치할 수 없어."

사전 약속과 설명을 해야 아이가 억울한 감정이 안 생기고 내면에 화나 분노가 생기지 않는다.

2. 나의 감정을 냉정하게 가라앉히고 체벌한다.

미운 마음이 아니라 아픈 마음으로 때려야 한다. 엄마가 화난 상태로 때리면 아이는 엄마가 자기를 미워해서 때린다고, 또는 화가 나서 때린다고 오해할 수 있다. 매를 드는 이유가 미움이나 화가 아니라 오직 너의 문제 행동을 고치기 위해서임을 명확히 해야 한다.

3. 체벌 후에 사과하거나 미안하다는 표현을 하면 안 된다. 이렇게 말하는 게 좋다.

"네가 아픈 것보다 엄마는 더 아프다. 하지만 네가 약속했고 그걸 안 지켰기 때문에 매를 든 거야. 너도 아프고 엄마도 아픈 일이 또 일어나지 않았으면 좋겠다."

엄마가 사과할 경우 아이는 자신이 잘못한 게 아닌데 맞았다고 생각하거나 엄마가 감정을 못 이겨서 때렸다고 생각할 수 있다. 엄마가 사과하면 매의 효과도 반감되고 엄마의 권위도 약해진다. 엄마는 매를 들 때만이라도 강한 사람이 되어야 한다. 매에 대한 복종뿐 아니라 체벌하는 사람의 권위에 대한 복종도 필요하다. 체벌 후에 사과할 거면 아예 체벌을 하지 말아야 한다.

　4, 기본 중의 기본은 체벌할 때 부모의 살과 자녀의 살이 닿아서
는 안 된다는 것이다.
　부모가 손이나 발로 직접 자녀를 때리면 안 된다. 체벌 시에는
정식으로 '교육용 매'를 사용해야 한다. 명심하자. 부모의 살과 자녀
의 살은 사랑의 경우에만 만나야 한다.

● ●

체벌에 대한 오해들

체벌에 관해 대표적으로 오해하는 것들이 있다. 몇 가지 질문에 답
하면서 오해를 풀어보겠다.

　1. 초등학교 1학년 아들인데 한글을 잘 몰라요. 학습지 선생님이
　　때려서라도 가르쳐야 된다는데 정말 그래야 되나요?

　못하는 아이 때려서 하게 한다는 주의인데 그건 절대 안 된다.
한글 못해서 때리고, 영어 못해서 때리고, 공부 못해서 때리고, 달리
기 못해서 때리고…. 때리면 다 잘하나? 잘하고 못하는 건 기질과 소
질과 타이밍의 합작품이다. 못한다고 때리는 건 폭력일 뿐이다.

2. 그동안 잘해왔고 또 잘할 아이인데 정신이 해이해진 것 같아
   요. 때려서라도 정신을 차리게 할까요?

더 잘하라는 정신 교육용 체벌이다. 과거 스포츠 현장에서 실력 향상을 위해 선수를 때리는 관행이 이런 경우다. 물론 안 된다. 정신 차리라고 자녀를 때리려면 차라리 부모 자신의 종아리를 때리자. "네가 정신을 놓고 다니는 것 같구나. 너 정신 차리라고 때릴 수는 없으니 너를 정신 놓게 방심한 엄마가 맞아야겠다" 하고. 맞아서 정신 차릴 아이라면 엄마가 자신의 종아리를 때리는 걸 보면 정신이 번쩍 들 것이다.

3. 아이가 순한데 너무 게을러요. 매로 습관을 잡아줘야 할까요?

습관이나 기질을 바꾸려는 매다. 절대 안 된다. 특히 매로 기질을 바꾸는 건 있을 수 없다. 아들을 강하게 키운다고 두들겨 패는 아빠가 있다. 토끼 때리면 호랑이 되고 곰 두들겨 패면 여우 되나? 되지도 않는 일로 아이에게 폭력 쓰는 것이다. 습관도 마찬가지다. 습관 잡으려다가 아이 잡고 부모 자녀 관계 잡는다. 습관은 다른 간접 체벌로도 충분하다. 그래도 안 잡히는 습관이라면 놔둬야 한다. 기질 때문일 수 있으니까.

4. 아이를 매로 때릴 때는 끝장을 봐야 되나요?

매를 때리는 방법에 대한 질문이다. 절대 아니다. 때릴 때 끝장을 보는 것은 폭력배들이 쓰는 방법이다. 한번 때릴 때 뼛속까지 공포심이 들게 해서 다시는 개기지 못하도록 하려는 것이다. 확실한 두려움을 심어줘서 다시는 그 짓을 못 하게 한다는 생각에서다. 무식하게 때리면 동시에 때린 사람에 대한 두려움도 심어진다. 두려움 밑에는 분노가 있다. 이러면 부모 자녀 관계는 돌이킬 수 없이 악화된다. 매의 효과보다 더 중요한 것은 자녀와의 관계다. 관계가 깨질 가능성이 있는 매는 무조건 안 좋은 매다. 명심하자. 매로 끝장을 보면 자녀와의 관계도 끝장난다.

5. '매를 아끼면 아이를 버린다'라는 말이 있는데 그 말이 맞나요?

절대 아니다. 이 말은 지금 시대에는 맞지 않는다. 매는 안 들면 제일 좋고 어쩔 수 없다면 아낄수록 좋다. 왜 옛말이 지금은 통용되지 않을까. 사회 환경의 변화 때문이다. 과거에는 매를 안 드는 집이 드물었다. 아이들도 맞는 것을 당연하게 여겼다. 너나없이 맞고 다녔으니 맞는 게 일상사였다. 그러니 매를 맞아도 몸에 멍은 들지언정 마음에 멍이 들지는 않았다. 소위 부모에게 맞아서 생기는 심리적 트라우마가 없었다. 이제 시대가 바뀌었다. 이것 하나는 명심하

자. 매를 들어야 하나 말아야 하나 조금이라도 의심되면 매를 들지 않는다!

· ·

첫 수업의 충격

체벌에 관련된 이야기를 하다 보니 내 경험이 떠올랐다. 중학교 2학년 때였다. 그 시기 남자애들은 천방지축이고 호기심도 많고 말도 안 듣기 마련이다. 학기 중간이었는데 기존의 남자 윤리 선생님이 그만두시고 새 선생님이 부임하게 되었다. 대학을 갓 졸업한 예쁜 여자 선생님이 오신다는 소문이 돌았다. 우리 반이 그 선생님의 첫 수업이었다. 첫 수업 날, 우리는 장난기 어린 호기심에 들떠 있었다. 드르륵! 교실 문이 열리고 정말 예쁜 외모의 선생님이 들어오셨다. 우리는 "와아~!" 하고 소리를 질렀다. 늘 하듯이 반장이 일어나서 선생님께 인사를 하려고 "차렷! 열중쉬어!" 하는데 갑자기 선생님이 "반장! 앉아!" 하고 차갑게 명령했다. 그러고는 "너희 책상 줄이 이게 뭐야! 책상 줄 맞춰!" 하고 호통을 쳤다. 우리는 '갑자기 왜…' 하면서 꾸물꾸물 책상 줄을 맞추려고 했다. 그때였다. 선생님이 한 아이를 불러냈다. "너 나와! 선생님 말이 말 같지 않아?" 아마 그 친구는 책상 줄 맞추려는 시늉도 하지 않고 가만히 있었나 보다. 얼떨떨한 얼굴로 그 아이는 교단 앞으로 나갔다. 그 순간 다른 친구가 불러나가는 아이를 보며 "히히" 하고 웃었다. 그러자 선생님이 "너도 나와!" 하고 소리쳤다. 뒤이어 뜻밖의 상황이 벌어졌다.

선생님은 그 둘을 마주 보게 하고는 서로 뺨을 때리라고 했다. 두 친구가 머뭇거리자 선생님은 한 아이에게 "빨리 때려! 네가 먼저 때려!" 하고 명령했다. 아이는 장난스럽게 친구의 볼을 쓰다듬듯이 툭 쳤다. 그러자 선생님이 "장난해? 이렇게 때리라고!" 하면서 그 아이의 뺨을 사정없이 한 대 쳤다. "짝!" 소리가 나면서 아이 몸이 휘청했다. 그 소리가 반 전체를 휘감았다. 뺨을 맞은 아이는 놀라서 앞에 있는 친구의 뺨을 조금 세게 때렸고 맞은 아이는 자기가 맞은 세기에 살짝 더 얹은 힘으로 자기를 때린 친구의 뺨을 때렸다. 그렇게 두 친구가 마주 보고 점점 세게 서로의 뺨을 때렸다. 뺨을 치는 소리가 조금씩 커지고 반 전체는 점점 얼어붙었다.

그날 이후 윤리 시간이 되면 우리는 알아서 칼같이 줄을 맞추고 허리 똑바로 펴고 정자세로 앉아 선생님을 기다렸다. 그 긴장의 분위기는 수업 내내, 학기 내내 지속되었다. 생각해보니 첫 수업 이후에 그 선생님은 우리를 때리기는커녕 큰 소리 한번 안 쳤다. 아마 충격의 첫 수업이 없었다면 그 선생님은 "조용히 해! 조용히 해!" 하면서 개구쟁이 아이들과 온갖 씨름을 다 하고 혹 눈물도 흘렸을지 모른다. 갓 사회에 나온 젊은 선생님은 짓궂은 중2 남학생들을 단 한 차례의 뺨 때리기 체벌로 길들였던 것이다.

지금 생각해보니 당했다는 느낌이 든다. 그 선생님의 고도의 전술이었던 듯하다. 어떤 마음이었을까? 소위 초반에 군기를 확실히 잡아야 한다는 선배의 조언이 있었을까? 학기 내내 아이들에게 시달리지 않기 위한 이기적인 마음이었을까? 아니면 이렇게라도 학습 분위기를 잡아야 아이들에게 교육적으로 더 도움이 된다는 나름의 철학이었을까? 어찌 됐든 내게 남은 기억이라곤 친구 둘이 서로의 뺨을 때리는 무지막지한 장면뿐이다. 그것 말고는 그 선생님에 대한 어떤 기억도 남아 있지 않다. 그 선생님은 뺨 한 대로 학급의 분위기를 잡았지만 대신에 제자를 놓치고 교육을 놓친 셈이다. 그러니 그 선생님의 행동은 단언컨대 비교육적이었다. 관계를 망가뜨리는 매는 어떤 이유에서든 나쁜 매이기 때문이다.

3

약한 훈육의
문제

· ·

훈육이 버거운 엄마

매를 드는 엄한 훈육에 대해 이야기했다. 이번에는 반대로 너무 유한 훈육을 하는 부모의 경우를 보자. 아이에게 야단을 못 치는 엄마가 있다. 자녀가 잘못된 행동을 해도 제대로 꾸중하지 못하고 그저 "하지 마. 하지 마" 하며 부탁하다시피 말하는 게 고작이다. 부탁과 애원 수준이니 훈육이라고 할 수 없다.

약한 훈육을 하는 엄마는 순한 기질인 경우가 많다. 순하니까 어려서 크게 야단 맞아본 적도 없고 부모의 엄한 훈육을 받을 일도 없었다. 성격도 순한데 보고 배운 것도 없으니 이래저래 엄한 훈육을 하기 힘들다.

엄마의 기질뿐 아니라 이 시대의 분위기도 한몫한다. 지금은 반(反)권위주의 시대라 자칫 '꼰대'가 되기 십상이다. "안 돼!" 하는 순간 '고지식함, 권위주의적, 비민주적'이라는 수식어가 따라온다. 조금만 제지해도 아이들이 반발하고 부모는 인심을 잃는다. 아이와 괜한 갈등을 일으키기보다는 '쿨'한 부모로 남고 싶은 마음이 들게 마련이다.

자녀가 순한 기질이면 부모가 유한 훈육을 해도 크게 문제 되지 않을 수 있다. 물론 자녀가 순하다고 너무 오냐오냐해서는 안 된다. 그럴 경우 아이는 밖에서는 별로 문제가 없지만 가정에서 망나니가 될 수 있다. 약한 훈육은 자녀가 기가 센 경우에 특히 문제가 된다. 엄마 말이 먹히지 않고 자녀가 엄마를 우습게 본다. 순한 엄마와 강한 자녀의 조합일 때는 엄마가 힘을 내서 훈육을 좀 더 강하게 해야 한다. 엄마 성격상 엄하게 할 수는 없을 테지만 그래도 아니다 싶을 때는 물러나면 안 된다. 때로 자녀와 기 싸움도 할 필요가 있다. 엄마가 제대로 힘을 발휘하지 않으면 나중에 엄마의 권위가 땅에 떨어진다.

● ●

엄마에게 욕을 하는 아이

다음은 한 엄마의 고민이다.

초등학교 2학년 아들과 학교 앞에서 만나기로 했는데 조금 늦었
어요. 아들이 짜증을 내면서 저한테 "재수 없어" 그러는 거예요.
제가 "아들아, 엄마도 사정이 있었어"라고 했더니 애가 뭐라는 줄
아세요? "미친년." 그때는 엄마한테 그런 말 하면 안 된다고 주의
만 줬는데 또 그러면 어떻게 하죠?

이런 상황이 드물지 않다. 엄마에게 함부로 하는 아이들이 꽤
있다. 아이가 엄마에게 "바보 같아" "헛소리하지 마" "한심해" 따위
의 무시하는 말을 한다. 그런데도 어떤 엄마들은 아이의 그런 말투
에 크게 신경 쓰지 않는다. 그냥 친하니까, 장난이니까, 엄마가 편해
서 그러려니 하고 가볍게 여긴다. 때로 아이들이 욕까지 하고 엄마
를 때리기도 한다. 자녀가 엄마에게 욕설을 하고 손으로 발로 때려
도 엄마는 하지 말라고 손사래만 치고 그러면 안 된다고 타이르듯
이 넘어간다.

아이가 서너 살 때야 감정 표현력이 부족하니 "엄마, 나빠" "엄
마, 죽어" 같은 말을 할 수 있다. 그때는 귀엽게 봐주고 넘어갈 수 있
다. 하지만 어느 정도 분별이 가능한 다섯 살 이상일 경우에는 욕을
하거나 엄마를 때릴 때는 그냥 넘어가면 안 된다. 당연히 엄하게 주
의를 줘야 하고 또 반복하면 심하게 야단을 치고 간접 체벌이라도
해야 한다. 다른 건 몰라도 엄마에게 함부로 하는 걸 어물쩍 넘기면
안 된다. 그런 습관은 나중에 고치기 힘들다. 고쳐진다 해도 자녀의

잠재의식 속에 엄마는 함부로 하고 무시해도 되는 사람으로 남게 된다. 그런데 중요한 건 이런 경우에 아이는 자기가 엄마를 무시한 다고 여기지 않는다. 그냥 엄마한테 친하게 또는 편하게 감정을 표 현한다고 생각할 뿐이다. 엄마도 자녀의 그런 마음을 아는지라 함부 로 하는 자녀에 대해 크게 개의치 않는 것이고 말이다. 그런 엄마 자 녀 관계가 나중에 문제가 된다. 놔두면 위험하다.

중2 딸이 엄마인 저를 너무 무시해요. 무슨 말이라도 하면 조용히 하라는 둥, 지랄, 극혐, 미친, 이런 말도 웃으면서 아무렇지 않게 내뱉고 너무 무개념에 버릇이 없어요. 어제는 저한테 "헛소리하지 마, 나대지 마!" 그러는데 심장이 두근거리고 머리가 어질어질했 어요. 얼마나 애지중지하며 예쁘게 키우려고 노력했는데… 너무 슬퍼요.

딸이 엄마를 무시한다. 무시하는 정도가 아니라 하대한다. 상하 관계가 뒤집어졌다. 이 엄마는 '민주' '평등'이라는 이름으로 딸을 아 끼고 존중했을지 모른다. 그러나 명심해야 한다. 가족에서의 '민주' 는 충분한 의사 표시의 기회를 주고 허심탄회하게 대화를 하는 방 식일 뿐, 자기 멋대로 하는 게 아니다. 부모 자녀 간의 '평등'도 자녀 의 삶을 존중하고 기회를 평등하게 주는 것이지, 엄마랑 아이랑 계 급장 떼고 똑같이 놀자는 게 아니다. 엄마를 무시하고 함부로 하는 행동은 절대 못 하게 해야 한다.

　이런 경우도 대개 순한 성향의 엄마일 것이다. 자녀가 사이코패스나 문제아가 아닌 이상 성인이 되면 자연히 그런 말투는 없어질 것이다. 그렇다고 그때까지 기다려야 할까? 아니다.

　중고등학생 아이들이 이런 행동을 한다면 별 수 없이 엄마가 아주 강하게 나서야 한다. 지금까지 해본 적 없는 초강수를 둬야 한다. 소리를 미친 듯이 지르고 물건을 내동댕이쳐서라도 아이를 붙잡고 소통해야 한다. 진심으로 엄마 심정을 이야기해야 한다. "네가 그럴 때마다 엄마는 죽을 거 같아. 사랑하는 내 아들딸한테 그런 모욕적이고 비참한 말을 들으면 정말 엄마가 비참해져. 제발 그런 말 하지 마라. 그런 말 할 때마다 엄마는 소리 지르고 물건 내던질 거다."

　그리고 실제로 아이가 그런 투로 말을 할 때마다 경고한 대로 행동해야 한다. 해본 적이 없어서 두렵고 심장이 떨리겠지만 최후의 방법이라 생각하고 아이와 싸울 용기를 내야 한다. 사실 이런 일이 벌어지지 않도록 유치원 때부터 엄마한테 함부로 하지 못하도록 바로잡아줘야 한다.

● ●

권력을 사용하라

엄마가 아이를 겁내면 안 된다. 아이가 날 싫어하면 어쩌나, 아이가 기분 나빠하면 어쩌나 하고 아이 눈치를 보고 비위 맞춰주면 안 된다. 그럼 나중에 아이를 무서워하는 엄마가 된다. 그건 마치 축구 감독이 선수 눈치 보고 선수들이 기분 나빠하면 어쩌나, 날 싫어하면 어쩌나 하는 것과 같다. 그래가지고서야 게임이 되겠는가.

자녀를 무서워하는 엄마가 있냐고? 많다. 자녀 눈치 보고 아무 말도 못 하는 엄마들이 많다. 그리고 엄마가 뭐라고 한마디 하면 욕하고 집에 있는 물건 부수는 자녀들도 있다. 남들이 잘 모를 뿐이지 상담실에는 그런 엄마, 자녀들이 많이 찾아온다. 엄마가 아이에게 늘상 지고, 해달라는 대로 다 해준 결과다. 엄마의 사랑이지만 허약한 사랑이다. 힘없는 사랑은 나중에 팽개쳐진다.

자녀를 키우는 데에도 용기가 필요하다. 아이를 혼내는 용기, 아이에게 좌절의 경험을 안겨줄 용기, 아이에게 인심을 잃을 용기가 필요하다. 아무 권력도 사용하지 않는 부모는 문제 부모다. 부모 자식 관계에서 권력 서열이 확실해야 한다. 권력의 상층부는 당연히 부모다. 자녀를 복종하게 하는 힘이 필요하다. 내가 돈이 없어도, 배운 게 없어도 부모의 권위는 당연한 것이다. 자녀에게 비굴하면 안 된다. 자녀에게 복종하면 안 된다. 자녀의 하인이 되어서는 안 된다.

특히 엄마가 권력을 갖고 있어야 한다. 야단치고 혼내는 걸 남편한테만 떠넘기면 안 된다. 혼내는 걸 아빠에게 일임하면 나중에 아이는 아빠만 무서워하고 엄마를 우습게 본다. 그리고 아빠한테 야단치라고 이르는 엄마를 자녀가 좋아할 리 없다. 훈육은 부모 둘 다 해야 한다.

옛말에 '엄하게 키운 자식이 나중에 효도한다'는 얘기가 있다. 이 시대에 더 필요한 말이다. 엄하게 키우기가 어려운 시대다. 자유·평등의 반권위주의적인 사회 분위기가 엄한 교육을 기피하게 하고 자녀도 하나나 둘뿐이니 오냐오냐하게 된다. 엄하게 키운다고 해봤자 집안에서 왕자 공주 대접받는 건 여전하다. 이런 상황에서 기본적인 훈육마저 안 한다면 나중에 뒷감당하기 어렵다.

효도는 그저 좋아하고 '애정, 애정' 하는 게 아니다. 효도는 존중과 공경이다. '엄마 좋아, 아빠 좋아' 하면서 부모 품에 안겨서 어리광 부리고 등에 올라타서 머리 잡아당기는 게 효도인가. 효도는 독립적으로 자기 인생 잘 살면서 인간답게 키워주신 부모님께 존경과 감사의 마음을 갖는 것이다. 효도는 애정이 아니라 공경이다.

• •

목돈을 요구하는 아들

사이코드라마에서 만난 사연 하나를 소개하겠다.

50대 초반 여성이 아들과의 갈등을 해결하고 싶다면서 주인공으로 나왔다. 아들이 대학원 석사 과정에 있다. 대학 졸업하고 취직 준비 안 하고 1~2년을 빈둥거리더니 대학원에 가고 싶어져서 들어갔다. 아들이 원룸에서 자취를 하고 있는데 등록금과 자취 비용, 용돈까지 엄마가 주고 있다. 늦둥이 아들이라 집에서 귀하게 키워서 그런지 철이 없다. 알바는 해본 적도 없고 용돈 떨어지면 엄마한테 손 벌린다.

이 아들이 몇 달 전부터 엄마에게 졸라댔다. 돈을 찔끔찔끔 주지 말고 1년 용돈으로 천만 원을 한꺼번에 달라는 것이다. 용돈이 모자란 달에는 후배들한테 얻어먹고 다녀서 창피하다는 이유에서다. 아들은 경제관념이 없어 1년 치 돈을 주면 얼마 못 가서 다 써버릴 게 뻔하다. 직장 다니는 누나도 동생한테 큰돈을 한꺼번에 주면 안 된다고 강력하게 반대한다. 이런 상황을 아버지는 모른다. 그러는 중에 반찬 가져다주러 아들 자취방에 갔다가 책상 위에 놓인 사채 이자 독촉장을 보았다. 엄마는 가슴이 철렁 내려앉았다. 아들에게 물었더니 돈이 부족해서 조금 빌렸다고 별문제 아니라고 한다. 엄마가 세상 물정 모르는 놈이라고 야단치고는 부랴부랴 그 돈을 갚아줬다. 그런데 아들이 또 1년 치 용돈으로 천만 원을 한꺼번에 달라고 한다. 목돈을 자기가 잘 관리해서 쓰겠다는 것이다.

드라마에서 그날 아들과 다툰 상황을 재연했다.

아들 엄마. 걱정하지 마. 내가 돈 아껴 쓸게. 이번 한 번만 믿어봐.
(대역)

엄마 너를 못 믿어서가 아니야. 큰돈을 갖고 있으면 여기저기 쉽게 쓰게 된다고. 매달 용돈으로 받아.

아들 엄마! 아들이 이렇게 부탁하잖아. 나중에 내가 돈 벌어서 다

갚을 거야.

엄마 너한테 갚으라고 할 일 없어. 너나 잘해. 엄마가 늘 그러잖아. 너나 잘하라고. 용돈 관리 못 해서 사채까지 쓰는데 엄마가 어떻게 너를 믿니?

아들 급한 돈이 필요해서 그랬지. 엄마한테 또 손 벌리면 엄마가 날 어떻게 생각하겠어?

엄마 너 절대 사채 쓰면 안 된다.

아들 그러니까 목돈을 달라는 거야. 안 그러면 나도 장담 못 해.

엄마 뭘 장담을 못 해!

아들 (개념 없이 말한다) 엄마 돈 많잖아. 그러니까 달라는 거지. 엄마 돈 모아두고 뭐 하려고? 아들 하나 있는데 미리 주면 안 돼?

엄마 (당황하며) 그게 무슨 소리니?

아들 어차피 그 돈 일부는 나한테 줄 거 아냐?

엄마 (어이없다는 듯이) 왜 주냐? 엄마 아빠가 번 거니까 우리가 써야지.

아들 (삐친 듯이) 엄마 인생 살 거면 뭐하러 날 낳았어!

엄마 너 그게 뭔 소리냐!

주인공은 아들의 마지막 한마디에 할 말을 잃었다. 그 뒤로 아직 아들을 안 만나고 있다. 걱정이다. 목돈을 주자니 밑 빠진 독이 될 것 같고, 안 주자니 사채를 쓸까 봐 불안하다. 어떻게 하면 좋을지

답을 얻고 싶어서 사이코드라마에 나온 것이다.

어떻게 하면 좋을까? 관객에게 물었다. 주인공과 연배가 비슷해 보이는 여성이 손을 들었다. "어떻게 하는 건 둘째 문제고 제가 속이 터져 못 견디겠네요. 먼저 정신 차리라고 혼 좀 내줘야 되지 않나요?" 좋은 의견이었다. 아들에게 화난 감정을 먼저 풀자고 주인공에게 말했다. 주인공이 손사래를 친다. "아이고~ 제가 아들에게 뭐 잘한 게 있다고요. 괜찮아요. 제 탓이죠."

그러자 조금 전 손 들었던 관객이 요청했다. "그럼, 제가 주인공 역할을 대신해서 혼 좀 내고 싶은데 그래도 되는 건가요? 답답해 죽겠어서요."

사이코드라마에는 '분신 기법'이 있다. 관객이 주인공의 분신 역할을 해서 감정을 대신 풀어주는 기법이다. 주인공도 웃으며 동의했다. 그 관객이 주인공을 맡았다. 작정하고 나온 듯했다. 아까 그 장면을 이어갔다.

아들 엄마! 나중에 나한테 줄 돈이잖아. 미리 주면 안 돼? 그리고 엄마 인생 살 거면 뭐하러 날 낳았어!

엄마 분신 (열 받아서 흥분) 뭐라고? 아이고, 이 철딱서니 없는 놈아! 그래, 엄마 인생 살려고 너 낳았다. 낳아주고 먹여주고 대학 보내줬으면 됐지 뭘 더 바라냐? (종이 몽둥이로 의자를 친다) 정신 차려! 정신! 너 엄마 말려 죽이려고 그러냐? 이 나쁜 놈아! (의자를 더 세게 때린다) 엄마 좀 그만 괴롭혀! 제발 네 인생 네가 살고 엄마 인생 엄마가 살자. 그리고 사채 쓰지 마! 엄마 너 때문에 죽는다 죽어! 제발 정신 좀 차려라! 정신 좀 차려!

이러면서 엄마 분신은 아들을 상징하는 의자를 엄청 두들겨댔다. 이분은 완전히 극에 몰입해서 연기했다. 장면이 끝나고서는 자기 속이 다 시원해졌다며 멋쩍게 웃었다. 보고 있던 주인공도 덕분에 속이 풀렸다면서 같이 웃었다.

감정을 푼 뒤에 이제 본격적인 고민이 시작되었다. 이 아들을 어떻게 할 것인가? 관객들의 많은 조언이 있었다. 결론은 이렇게 나왔다. 엄마는 절대 목돈을 주지 않기로 했다. 사채를 쓰건 뭘 하건 그건 아들의 인생이고 아들의 책임이다. 어린아이도 아니고 자기 인생을 책임지고 살아야 한다. 최악의 경우를 생각하면 걱정되지만 그래도 엄마가 여기서 물러나면 안 된다. 여기서 물러나면 이런 일이 계속 반복될 것이다. 단호해야 한다. 이렇게 의견 통일을 보았다.

이 드라마의 후반부는 아들이 목돈을 달라고 할 때 엄마가 어떻게 대응할 것인지 예행연습하는 역할 훈련으로 진행했다. 관객들은 아들이 징징대도 엄마가 흔들리지 않고 단호하게 해야 한다고 조언과 힘을 주었다. 주인공도 단호하게 말했다. "엄마가 도와주는 건 여기까지다. 등록금 대주고 원룸 비용 대주고 너 용돈 주는 것뿐이야.

이 정도면 엄마가 해줄 수 있는 전부다. 나머지는 알바를 하든지 네가 알아서 해라!" 그런 다음 사채 안 쓰겠다는 각서도 받고 엄마에게 함부로 말한 것에 대해서 사과받는 장면도 연습했다. 그렇게 드라마를 마쳤다.

주인공이 말했다. "도와주셔서 감사합니다. 그리고 이렇게 굳은 결심을 하게 해줘서 여러분께 감사합니다. 흔들리지 않고 잘 지키도록 하겠습니다. 이게 최선의 답이라고 저도 생각하니까요. 모두 감사합니다. 특히 제 역할을 해주신 분께 감사드립니다."

분신 역할 하신 분도 자기 경험을 말했다. "우리 아들이랑 하도 비슷해서 제가 속상했어요. 제 아들은 공익 근무 요원이에요. 저도 똑같이 아이 방에서 사채 이자 독촉장을 봤어요. 인터넷에서 사행성 도박을 했나 봐요. 500만 원 정도 빚이 있더라고요. 세상에나⋯. 아들도 겁이 나서 말 안 하고 있던 거죠. 다 큰 애라 때리지는 못하고 엄마 미친다며 악쓰고 노발대발했어요. 그러고는 갚아줬죠. 다시는 그러지 않는다고 각서도 받고요. 그런데 걱정이 돼요. 얘가 또 그러면 어떻게 하나. 사채라면 제가 갚아줘야 되잖아요. 주인공이 저랑 똑같아서 그 마음이 너무 와 닿았어요." 이렇게 말하고는 주인공을 따뜻하게 안아주었다. 동병상련이다. 엄마들이 참 힘들다.

아이 기죽이면 안 된다?

'아이를 기죽이면 안 된다'는 말이 있다. 아이가 눈치 보고 주눅 들 정도로 엄하게 훈육하지 말라는 뜻이다. 그런데 이 말은 자칫 오해할 소지가 있다.

예를 들어 아이가 식당에서 떠들고 돌아다니는데 부모가 아무 제지도 하지 않고 그냥 놔둔다. 식당 주인이 "애! 좀 조용히 해!" 하니까 아이 아버지가 "왜 남의 아이 기를 죽이고 그래요?" 이런다. 이건 기 살리는 게 아니라 아이를 제멋대로 방치하는 거다. 남에게 해를 끼치는데 통제를 하지 않는 건 기를 살리는 게 아니라 죄를 살리는 일이다.

더불어 사는 능력을 기르지 않고 기만 살려주면 병적인 이드만 살아난다. 진짜 기를 살리는 길은 건강한 초자아를 살려주는 것이다. 자신과 타인을 위해 선한 영향력을 주는 도전과 용기의 힘이 진정한 '기'다. '기죽이지 말자'는 주장은 순한 아이인 경우에만 해당한다. 순한 아이들은 성장하면서 숨은 파워가 나타나기 때문에 어려서 주눅 들게 만들면 좋을 게 없다는 의미다.

'기죽이지 말자'와 반대로 '어릴 때 아이를 잡아야 된다'는 말도 있다. 다 받아주다가는 머리 커서 말을 안 듣기 때문에 어릴 때 기를 죽여놓으라는 의미다. 이건 기가 센 아이에게 해당하는 말이다. 기질에 따라 훈육 이론이 정반대로 나타나는 셈이다. 정리하자면, 순한 아이는 기죽이면 안 되니 조금 순하게 훈육하고 강한 아이는 너무 기 살려주면 안 되니 조금 세게 훈육하라는 얘기다.

• •

엄마도 사과해야 할까

하루는 강의가 끝나자 한 엄마가 나를 기다리고 있었다. 근심 어린 얼굴로 내게 고민을 털어놓았다.

> 저는 중2 아들을 두었는데요, 아들하고 9시 이후에는 핸드폰 하지 않기로 약속했어요. 그런데 아이가 12시까지 하는 거예요. 화를 참고 정말 조곤조곤 그만하라고 얘기했지요. 그런데 자기가 하고 싶은 걸 못 하게 한다고 투덜대잖아요. 그래서 얘기했죠. "너랑 나랑 약속한 거잖아. 약속을 지켜야지." 그랬더니 이놈이 짜증을 내면서 그냥 내버려두라고 하는 거예요. 제가 벌컥 화가 나서 핸드폰을 빼앗아 방바닥에 집어던졌어요. 폰이 박살이 났어요.
> 어제 있었던 일이에요. 오늘 학교 갔는데 집에 오면 어떻게 해야 할지 모르겠어요. 핸드폰 던진 걸 사과해야 할까요? 아니면 1년 내내 보란 듯이 안 사줘야 할까요? 제가 그런 폭력적인 행동을 해서 아이랑 관계가 깨지면 어떻게 하죠?

화나서 핸드폰 한번 던졌을 뿐인데 어쩔 줄 모르신다. 이런 경우 난감하다. 정신과 의사 30년 했어도 사실 뾰족한 답이 없다. 일단 이렇게 하라고 말씀드렸다.

우선 엄마가 화를 못 참고 핸드폰을 던진 것은 쿨하게 사과해야겠지요. 하지만 이렇게 덧붙이세요. "엄마가 화를 못 참은 건 사과하지만 엄마같이 착한 사람을 그렇게 행동하게 만든 너도 잘못을 한 거야. 너도 반성하고 사과해." 아들한테 사과를 받고 다음에 엄마와 약속 잘 지키겠다고 각서를 쓰게 하세요. 그리고 엄마도 마음 아팠으니까 너도 고생을 해봐야 한다고 한 달 뒤에 핸드폰 사준다고 하세요. 아이가 애걸복걸 애원하고 잘하겠다고 하면 약속 단단히 받고 2주일로 단축해주시고요.

답은 해드렸지만 나도 확신은 못 한다. 그래서 한마디 덧붙였다.

그리고 이런 일 한두 번으로 아이랑 관계 깨지고 상처 입고 그러는 거 아니니까 너무 신경 쓰지 마세요. 어느 애들이나 다 겪는 일이니까요.

알파고처럼 맘마고가 있다면

자녀 교육 분야에도 AI가 빨리 나왔으면 좋겠다. 그 이름을 '맘마고'라고 하면 어떨까. 바둑 한 판에 경우의 수가 100억 가지 이상 발생한다고 한다. 바둑의 알파고는 이런 무지막지한 경우의 수를 통달하고 있다. 알파고는 100억 개 넘는 경우의 수를 풀어야 되지만 자녀 교육의 맘마고는 끽해야 100가지 경우의 수를 넘지 않는다. 맘마고가 나오면 엄마들의 고민을 한 방에 해결해줄 수 있을 텐데…. "우리 애 말 더듬는데 두고 볼까요, 언어 치료 받을까요?" "중2 딸이 남자 선배 사귄다는데 허락할까요?" "애가 학원 안 다니겠다는데 어떻게 하죠?" 맘마고 승률이 70퍼센트라고 해도 맘마고를 믿을 수밖에 없다. 이럴까 저럴까 고민할 필요 없이 말이다. 그러고 나중에 자녀가 "엄마 그때 왜 그랬어?" 항의하면 "내가 아니? 맘마고가 그렇게 하라고 한걸. 아무래도 엄마보다야 맘마고가 더 똑똑하지 않겠니?" 이렇게 변명이라도 할 수 있으면 좋겠다.

스마트폰 때문에 엄마들이 고생이 많다. 과거와 달리 요즘 시대는 부모 편보다 자녀 편에 가깝다. 자녀의 권리가 보장받는 대신에 부모의 권위는 약해졌다. 솔직히 부모 노릇 하기 힘들다. 그래서 농담 반 진담 반으로 제안 하나 하고 싶다. 부모도 배려하고 가정의 평화를 위해서 이런 법을 만들어주면 좋겠다. 바로 '스마트폰 규제법'.

아동·청소년이 하루 두 시간 이상 스마트폰을 할 경우 폰을 1주일간 압수한다. 삼진 아웃 되면 3개월간 압수한다. 부모가 이 법에 따르지 않을 경우 천만 원 이하의 벌금에 처한다.

이런 청소년 법 하나 만들어주라. 그래서 엄마하고 싸움 나지 않게. 부모와 자녀 관계가 악화되지 않게. 아이 스마트폰 압수하고 엄마가 이렇게 말할 수 있게. "엄마도 네 폰 빼앗고 싶지 않아. 너 마음대로 하게 놔두고 싶어. 하지만 어쩌겠니, 법이 그런걸? 어기면 벌금이 천만 원이야. 그러게 뭐랬어? 삼진 아웃 되니 조심하라고 했잖아."

••
공부는 면죄부가 될 수 없다

훈육은 정규 분포로 볼 때 상위 10퍼센트와 하위 10퍼센트가 문제다. 상위 10퍼센트는 아주 엄한 훈육이다. 훈육이라기보다 폭력이나 강압에 가까울 것이다. 하위 10퍼센트는 아주 유한 훈육이다. 훈육이라고 할 것도 없이 오냐오냐하는 수준이다. 상·하위 10퍼센트에만 안 들면 무난하다. 사소한 훈육의 잘못이나 해프닝은 아무 문제 없다. 그 정도는 어느 집에서나 일상적으로 일어난다. 그러니 너무 걱정하지 않아도 된다.

지금은 엄한 훈육보다 유한 훈육이 더 큰 문제다. 유한 훈육은 하위 10퍼센트가 아니라 하위 20퍼센트까지 문제로 봐야 할 정도다. 특히 공부한다는 이유로, 또는 공부 잘한다는 이유로 아이의 문제 행동에 면죄부를 주면 안 된다. 그것은 아이를 정신적으로 병들게 하는 무책임하고 나쁜 훈육이다. 그럴 경우 아이는 공부를 무기 삼아 제멋대로 행동하고 부모를 조종한다. 간혹 명문대생이 단체 채팅방에서 성희롱 등의 언어폭력을 일삼아 지탄받는 것을 볼 수 있다. 공부는 잘했을지 몰라도 인성이 망가진 아이들이다. 성적 좋다는 이유로 잘못된 행동에 면죄부 받고 자라면서 초자아가 약해진 것이다. 명심해야 한다. 공부는 공부, 훈육은 훈육이다.

훈육의 핵심은 '어떤 때 허용하고 어떤 때 금지할 것인가'이다. 그 경계가 늘 고민이다. 경계선은 부모마다 다르다. 어쩔 수 없다. 부모가 견딜 수 있는 정도까지 할 수밖에 없다. 이렇게 조언을 드린다. 강한 FM 스타일 부모는 금지를 조금 줄이고(그래도 남들보다 금지가 많을 것이다), 순한 AM 스타일 부모는 허용을 좀 더 줄여야 한다(그래도 남들보다 허용이 많을 것이다).

• •

중간만 가도 된다

훈육에는 정답이 없다. 엄마와 아이의 기질에 따라 다르고 상황에 따라 다르기 때문이다. 맘 카페에 올라온 어느 엄마의 훈육법이다.

내가 확실하게 훈육하는 것은 두 가지다. 아주 위험한 것, 남에게 해를 끼치는 것이 그것이다. 이건 문제없이 잘한다. 그런데 생활 습관이나 생활 규칙 같은 건 헷갈린다. 이걸 혼내는 게 맞는 건지 허용해야 하는 건지…. 될 수 있으면 아이의 뜻대로 할 수 있게 해 주려고 한다. 왜냐, 아이 인생은 아이의 것이니까.

예를 들겠다. 양치질을 안 한다. 해야 하는 것인데 안 한다. 그럼 '양치 안 하면 이가 썩어서 아플 거다'라고 팩트만 알려준다. 나중에 이가 썩어 치과에 가게 될지언정. 물론 이건 아이가 어느 정도 컸을 때 얘기다. 행동의 옳고 그름을 판단할 수 있을 때 말이다.

이렇게 생활 습관 훈육은 첫째, 옳은 행동을 알려주고 둘째, 선택의 자유를 주고 셋째, 책임지게 하면 되는데… 솔직히 이게 딱 되면 뭐가 고민이겠나. 양치 안 하는 애를 보며 속 편히 있을 수 있나. 보통은 잘 안 된다. 지켜보기가 어렵다. 해주는 게 속 편하지. 이걸 어쩌나? 해주자니 애 응석받이 만들고 자율성과 주도성 침해하는 것 같고, 안 해주자니 내 속에 천불이 나 죽을 것 같고…. 이럴 땐! 내가 못 참는 선을 생각해보면 된다. 참을 만한 것이 몇 가지는 있을 거다. 그럼 그건 참아주고 원칙대로 하면 된다. 단 기다리지 못하겠는 것, 참지 못하겠는 것은 그냥 내가 해주면 된다. 다만 아이에게 말하고 끌고 가는 거다. "양치는 꼭 해야 하는 거니까 네가 하기 싫어도 해야 해"라고 말하고.

100퍼센트 완벽할 수는 없다. 무슨 일에서든 항상 아이가 깨닫는 걸 기다려줄 수 있는 엄마는 이 세상에 거의 없을 것이다. 한편으로 보면, 엄마가 엄마 뜻대로 끌고 가는 게 있어야 아이도 자기 맘대로 다 되진 않는다는 걸 배울 수 있는지도 모른다. 너무 과하게 아이에게 맞추려고 하지 않아도 된다. 괜찮다. 가장 좋은 비율은 아이 맘대로가 조금 더 많은데 내 맘도 편한 정도면 되지 않을까. 내 경우는 '일어나 씻기, 밥 먹을 때 한자리 앉아 먹기, 밥 먹고 양치 바로 하기, 나갔다 와서 바로 손 씻기' 정도는 아이가 하기 싫어해도 꼭 내 뜻대로 끌고 간다. 대신 나머지는 내가 아이에게 맞추려 노력한다. 죽어도 못 참겠는 것은 엄마인 내가 끌고 가도 된다. 너무 미안해하지 말자. 너무 속상해하지 말자. 너무 자책 말자. 엄청나게 제재당하고 훈육받은 나도 친정 엄마 사랑하며 잘 살고 있다. 아이에게 맞춰주려 노력하되 내 뜻대로 이끄는 것도 섞여 있는 게 정상이다. 흑과 백은 없다. 중간은 가려고 노력하면 된다. 못 참겠으면 '좋은 습관 들이는 거니까' 하고 내 뜻대로 밀고 나가고, 참을 수 있으면 '어디 네 맘대로 해봐라' 하고 놔두되 책임지게 하고. 그래, 이 정도면 괜찮다. 괜찮다. 괜찮다.

이 엄마는 정말 잘하고 있다. 현명한 엄마다. 그리고 많은 엄마들이 이렇게 하고 있고 이렇게 할 수밖에 없다.

3부

공부

1

공부와
기질

· ·

보통 엄마, 보통 욕심

공부는 자녀 교육의 블랙홀이다. 자녀의 훈육, 공감, 대화, 자존감을
아무리 강조해봤자 모두 공부 속으로 빨려 들어간다. 그뿐인가. 부
부 관계, 돈 등 가족 관계 전체가 공부 하나로 허우적댄다. 공부는
시대의 괴물, 가족의 요물이 되었다. 어떻게 할 것인가? 시키자니 괴
롭고 안 시키자니 불안하다. 사실 답이 없다. 그래도 어쩔 수 없이
공부 얘기를 해야겠다. 답이 없으니 이런저런 얘기를 해볼 뿐이다.

　우리 병원에 일 잘하고 성격도 좋은 간호사가 있다. 곧 초등학교
에 입학하는 딸아이를 둔 그 간호사와 한번은 자녀 교육에 대해 이
야기를 나누었다. 그분이 최근에 어떤 자녀 교육서를 읽었는데 좋았

다고 했다. 아이 학원 안 보내는 대신 자기주도학습을 할 수 있게 공부 습관 들이는 책이란다. 궁금해서 읽어보고 싶다고 했더니 다음 날 책을 갖고 왔다.

읽어봤더니 과연 그 책에는 '공부 습관'에 관한 방법론이 차곡차곡 들어 있었다. 초등 시기는 공부 잘하는 시기가 아니라 자기주도적인 공부 습관을 다지는 시절이라면서 국어, 수학, 영어, 과학, 사회, 발표, 어휘력, 독서, 쓰기, 토론 등에 대해 일일이 해법을 제시하고 있었다. '초1 때 45분, 초2 60분, 초3 90분, 초4 두 시간, 공부 습관을 들여라' '일주일 공부 계획을 세워라. 일주일에 몇 시간을 어느 시간대에 어느 분야에 집중할 것인지 계획해라' '어떤 방법으로 어느 수준까지 공부할 것인지 목표를 정해라' 등등, 학업 스케줄을 꼼꼼히 짜놓았다.

책에서 제시한 걸 다 하려면 엄마가 에너지를 쏟아 부어야 할 것 같다. 그대로 따라 하려면 엄마도 아이도 힘들지 않겠냐고 물어보았다. "한번 해보려고요." 이렇게 대답하더니 속마음을 털어놓았다.

"저도 딸아이 공부시키고 싶은 욕심 없어요. 그런데 정말 아무것도 안 하고 놀고 있다가 입학하면 아이 멘붕, 엄마 멘붕 와요. 글도 잘 못 읽으면 수학책 자체를 못 읽죠. 저는 엄마가 대강의 계획은 있어야 한다고 생각해요. 엄마가 그냥 놀고 있으면 아이가 정말 아무것도 못 해요. 원장님 때야 가만 놔두면 아이가 밖에 나가 놀기라도 했지만 지금은 놀 데도 없어요. 그저 스마트폰이랑 텔레비전, 유튜브예요. 학교에서도 뒤떨어지는 아이들은 제대로 가르칠 수가 없대요."

그러고는 자기를 극성 엄마로 볼 것 같았는지 해명을 덧붙였다.

"자기주도학습 책도 장점만 보려는 거예요. 책에서 하라는 대로 똑같이는 못 하지요. 나랑 아이가 할 수 있는 정도만 하려고 해요. 요새 초등 저학년 중에는 사고력 수학, 응용, 심화, 최상위 수학, 영어 등등 별거 다 하는 애들도 있어요. 저는 그런 열성 엄마는 안 될 거예요. 그래도 숙제는 할 수 있는 아이, 교과서는 읽을 수 있는 아이는 돼야죠. 공부 열심히 시키겠다는 게 아니라 최소한 기본은 하게 해야죠. 그것도 안 하고 손 놓고 있을 수는 없어요."

뭐라고 반박할 말이 없다. 맞는 말이니까. 우리 간호사 말에 절대 공감한다. 이분은 절대 욕심 많은 엄마가 아니다. 그저 평범한 FM 스타일의 엄마다. 엄마랑 딸이랑 둘이 오순도순 즐겁게 공부하면 된다고 생각할 뿐이다.

• •

공부 열차에 한번 올라타면

어린 자녀를 둔 많은 엄마들이 이렇게 얘기한다.

저는 아이 눈높이에 맞춰서, 남의 말에 흔들리지 않고 중심을 잡고 아이를 키우고 있어요. 공부 잘한다고 다 잘 사는 거 아니잖아요. 스트레스 받지 않게 하려고요. '기본만 하자'가 제 철학이에요.

대개 이런 마음으로 시작한다. 처음에야 엄마가 공부 조금 도와주고 심심풀이로 학습지 한두 개 시키면 된다. 아이들은 엄마가 시키니까 그럭저럭 잘 따라온다. 그러다가 초등학교 3~4학년이 되면 고비를 맞는다. 이런 얘기가 들려오면서다. '학년이 올라갈수록 성적을 역전시키기는 점점 더 어려워진다' '우등생은 타고나는 게 아니라 만들어지는 것이다' '초등학교 아이 공부는 엄마 공부다.'

이럴 게 아니라 좀 더 열심히 공부를 시켜야 하나 고민이 든다. 공부 못하면 좋을 게 없으니까. 친구 관계도 자존심도 성적에 좌우된다. 그리고 내 아이가 공부 잘할 가능성도 있는데 방치하는 건 엄마의 직무 유기 같다. 엄마는 흔들린다. 손 놓고 있을 때가 아니란 생각에.

중학교 들어갈 즈음 위기가 온다. 본격적으로 공부에 '올인' 할 것인지 말 것인지 결정해야 한다. 공부는 자기가 알아서 한다는 말은 옛날 얘기다. 지금은 중학교 때 뒤처지면 따라갈 수 없는 학업 구조고 입시 구조다. 예습 복습만으로 공부 잘하나? 아니다. 선행 학습하는 아이를 따라갈 수 없다. 이 시기가 분기점이다. 제대로 하려면 선행 학습해야 하고 사교육을 열심히 해야 한다. 어떻게 할 것인가? 성적과 대학을 아예 무시하지 않는 한 결국 공부 열차에 올라타게 된다. 한번 공부 열차에 올라타면 그동안 들인 돈과 시간, 엄마의 노력이 아까워서 내리지 못한다.

모든 엄마들이 처음에는 '아이 눈높이에 맞춰서' '기본만 충실히' '공부보다 인성'이라는 콘셉트로 자녀와 공부를 시작한다. 그래서 '나는 다르다'고 생각한다. 철석같이 그렇게 믿는다. 하지만 종이에 물이 스며들듯 어느새 공부에 올인 하고 있다.

• •

엄마 하기 나름이라고?

공부 잘하고 못하는 것도 타고난 걸까? 아니면 노력에 달린 걸까? 학업 수행 능력도 선천적이라는 설과 후천적이라는 설이 맞선다. 선천성/후천성 논란에서 대개 결론은 '둘 다 영향이 있다'다. 비율이 문제인데 대개 7 대 3 이상으로 선천적인 영향이 크다. 공부도 마찬가지다.

공부를 잘하려면 '공부 머리+욕심+동기+지구력'이 필요하다. 앞의 두 가지가 선천적이라면 뒤의 두 가지는 후천적이라고 할 수 있다. 이 네 가지 요소 중에 부모가 만들어줄 수 있는 것이 무엇일까? 사실 아무것도 없다. 공부 머리야 부모 유전이니 손댈 게 없다. 욕심도 가지라고 해서 가질 수 있는 게 아니다. 엄마가 그나마 할 수 있지 않을까 하고 손대는 것이 '동기'와 '지구력'이다.

'꿈과 비전을 심어줘라' '공부를 왜 해야 하는지 중요성을 깨우쳐

줘라' 하는 주장은 아이에게 공부 동기를 심어주기 위한 것이다. 이 것도 어렵다. 공부의 중요성을 아무리 설명해도 아이는 듣는 둥 마는 둥 하니까. 마지막으로 해보는 게 지구력 기르기, 바로 공부 습관이다. 하루 몇 시간 의자에 앉아 있게 하면 엉덩이 습관은 잡히지 않을까 기대한다. 그것도 소용없다. 게다가 공부 머리와 욕심과 동기가 없다면 지구력은 헛고생일 뿐이다.

아무리 생각해도 엄마가 아이 공부 잘하게 할 수 있는 방법이 없는 것 같은데 현실은 그렇지 않다. '아이는 엄마 하기 나름'이라는 주장도 있다. 자녀를 이렇게 저렇게 교육해서 명문대 보냈다는 성공 스토리가 세간에 돌아다닌다. 하지만 '엄마 하기 나름'으로 성공한 케이스에는 비밀 아닌 비밀이 있다. 자녀 성공이 엄마 능력으로 이루어졌다는 착각이다. 생각해보자. 내가 그 엄마와 똑같이 한다고 했을 때 내 자녀가 성공할 가능성이 얼마나 될까? 그 아이였기에 성공한 것이다. 칭송은 엄마가 받을 게 아니라 그런 엄마 밑에서 병들지 않고 잘해나간 아이의 몫이어야 한다. 아이가 머리가 좋고 멘털이 강했기 때문이다.

대부분의 '엄마 하기 나름'은 자녀가 딱 초등학교 때까지 통한다. 아이가 공부 머리, 욕심, 동기가 없어도 엄마가 시키면 하기 때문이다. 아주 잘해야 중학교 2학년까지다. 공부 잘한다고 부러움을 받던 아이와 그 엄마는 중학교 2학년 이후에는 무대 뒤로 조용히 사라진다. '엄마 하기 나름'으로 올인 할 경우 좋은 결과를 얻을 확률은 1퍼센트가 안 되고 실패할 확률은 99퍼센트다.

. .

공부도 기질이다

공부에서 또 하나 중요한 요소가 있다. 바로 기질이다. 엄마 관리력, 공부 습관, 자기주도학습 등에서 기질이 절대적인 영향을 준다. 앞서 말한 간호사 엄마는 자기주도학습 책을 읽고 한번 해볼 만하다고 생각했다. FM 스타일이라서 그렇다. 하지만 AM 엄마라면 그 책을 보고 '어휴, 이런 걸 어떻게 다 해' 하고 불안해할 것이다.

맘 카페에 올라온 한 엄마의 반성을 들어보자.

초등 3학년까지는 그런대로 혼자서도 잘하는 아이였는데 4학년 되니 확실히 어려워하네요. 엄마가 옆에서 길을 잘 열어줘야 할 텐데…. 엄마가 게으른 탓에 아이가 점점 뒤처질까 봐 걱정이에요. 직장 때문에 저녁 먹고 한 시간 정도 봐주는데 그것마저도 귀찮아서 잘 안 하게 되네요. 좋은 사이트들, 좋은 정보, 동영상들 같이 앉아서 봐주고 알려주고 해야 하는데, 집에만 가면 왜 이리 귀찮은 건지. 뒹굴뒹굴 TV만 이리저리 돌리고 있으니 과연 아이가 뭘 배울까요. 공부 잘하는 아이, 스스로 하는 아이, 이런 아이들 뒤에는 부지런하고 적극적인 엄마가 있겠지요. 잘못을 알고도 고치지 못하니 미련한 사람이지요… ㅠㅠ 주말을 뒹굴뒹굴 아이와 굴러다니다 보니 오늘 아침 제가 참 한심해 보여 이렇게 넋두리 펼치고 갑니다.

이 엄마는 전형적인 AM 엄마다. 쉴 때도 죄책감이 드니 엄마들이 참 힘들다. 이렇듯 많은 엄마들이 공부 잘하는 아이, 스스로 하는 아이 뒤에는 부지런하고 적극적인 엄마가 있다고 생각한다. 하지만 진실은 엄마의 능력이 아니라 아이의 능력이다. 엄마가 애써도 소용없는 아이가 있고 엄마가 어영부영해도 잘하는 아이가 있다.

공부에도 엄마 기질과 자녀 기질이 중요하다. 기질에 따라 공부법도 달라야 한다. 그렇다고 기질에 따른 공부법 같은 걸 제시하려는 건 아니다. 그건 누구도 답을 줄 수 없는 영역이다. 다만 공부 때문에 자녀와의 관계가 나빠지지 않았으면 하는 바람에서 기질과 공부 스타일에 대해서 간단히 설명하려고 한다.

• •

FM+FM, 말 잘 듣는 아이가 위험하다

엄마나 아이나 모두 FM 성향인 경우가 공부하는 데 제일 좋은 조합이다. 이런 조합은 엄마가 아이 눈높이에 맞춰 적절하게 밀고 끌면 아이도 그리 힘들어하지 않고 잘 따라온다. FM 엄마는 꼼꼼한 성격이라 아이에게 맞는 것을 골라서 제공해준다. 아이도 큰 문제 없이 잘 따른다. 이런 아이들이 공부 습관 잡힌 듯이 보이고 공부도 잘하는 편이다. 뛰어난 FM 엄마가 소위 엄마 관리력을 제대로 발휘하는 타입이다. 이런 엄마가 맘 카페에 성공담을 쓴다. "우리 아이 이렇게 했더니 공부 습관 잡혀서 제가 공부하란 말 안 해도 알아서 해요." 얼마나 부러운가! 공부하라는 말 안 해도 알아서 하는 아이! 이거야말로 엄마들의 로망 아닌가!

쌍방 FM에도 문제가 생길 수 있다. 엄마가 강한 FM이고 자녀가 순한 FM인 경우다. 아이가 잘 따라오다가 고학년이 되면 위기가 온다. 실력에 한계가 오거나 공부 에너지가 고갈된다. 엄마는 아이가 잘해왔기에 더 몰아붙이지만 아이는 더 이상 할 수가 없는 상태다. 이런 아이는 속으로 힘들어할 뿐 자기 표현을 못 한다. 기가 센 아이는 적극적으로 반항하겠지만 순한 아이는 꾹 참고 안으로 숨는다.

'말 잘 듣는 아이가 위험하다'는 말이 있다. 주로 '순한 FM' 기질의 아이가 여기에 해당한다. 이 아이는 견디기 힘들어도 부모에게 반항하거나 일탈하지 않는다. 겉으로는 묵묵하게 자기 할 일을 하니 문제없는 것 같지만 속으로 병들어간다. 이 아이들이 더 심해지면 무기력한 모습을 보이거나 소위 수동 공격적 태도를 보인다. 수동 공격성이란 심하게 대들고 반항하지 않지만 뭐든 하기 싫어하고 미적거리는 소극적인 저항을 보이는 것을 말한다. 차라리 자녀가 대들면 같이 싸우기라도 할 텐데 은근히 힘들게 하니 부모는 더 짜증이

난다.

쌍방 FM인 경우에 아이가 초등학교 고학년까지는 잘해낼 수 있다. 처음에 잘 못 따라오면 엄마도 일찍 마음을 비울 텐데 자녀가 잘하니 기대도 하고 더 열심히 하게 된다. 이때부터 엄마가 정신 똑바로 차려야 한다. 엄마 욕심에 눈이 멀어 아이가 힘들어하는 걸 못 보는 경우가 많기 때문이다. 더욱이 순한 FM 아이는 힘들다는 표현을 지나가는 말처럼 가볍게 하기 때문에 엄마가 눈치를 못 챌 수 있다. 나중에 아이가 병들었을 때 "왜 얘기 안 했냐"고 하면 "말했는데 엄마가 모른 체했다"고 할 것이다.

• •

FM+AM, 내려놓음을 배우자

강한 FM 엄마와 강한 AM 아이의 경우가 제일 갈등이 많은 조합이다. 엄마는 목표가 뚜렷하고 계획이 확실한데 아이는 아예 안 하려고 한다. 안 하는 것뿐 아니라 엄마에게 강하게 저항한다. 이런 상황이 반복되면 엄마와 자녀 관계가 나빠진다. 아이는 엄마 말에 저항하고 엄마는 아이를 잡으려다 열 받는다. 이런 경우는 어쩔 수 없이 엄마가 마음을 내려놓아야 한다. 강한 AM 아이는 절대 억지로 안 된다. 조금 따라 하다가도 금방 흐트러진다. 아이 수준에서 꼭 지킬 수 있는 최소한의 규칙만 정하는 것이 좋다. 이런 아이들이 나중에 소위 '필 받으면' 몰아서 공부하는 스타일이기도 하다.

강한 FM 엄마와 순한 AM 아이 역시 시작부터 난관이다. 엄마는 열심히 하지만 아이가 제대로 따라가지 못한다. 저학년 때까지야 엄마 말에 겨우 따르지만 금방 한계에 도달한다. 그렇다고 엄마가 포기하지 않는다. 이때 최악의 자녀 평가는 '무능하고 게으르고 형편없는 아이'가 된다. 이 아이들은 순해서 자기 표현도 잘 안 하는 스타일이라 엄마가 구박하면 자존감만 떨어진다. 이런 경우 엄마가 아이 수준으로 낮추고 자녀가 실천할 수 있는 최소한의 규칙만 정해놓아야 한다. 그리고 자유롭게 놔두는 게 상책이다. 엄마가 '내 아이는 자유로운 영혼의 소유자'라면서 반쯤 마음을 내려놓는 자녀가 대개 순한 AM 스타일이다.

• •

AM+AM, 되는 만큼만

AM 엄마는 스케줄을 짜서 계획적으로 자녀를 공부시키기가 쉽지 않다. 물론 겨우 시켜본들 AM 자녀가 따라오지 못한다. 특히 자기주도학습, 공부 습관하고는 친해지기 어렵다. AM 엄마가 '좋아, 나도 한번 해봐야지!' 하고 결심한다 해도 일주일도 못 가 흐트러진다. 엄마가 먼저 헷갈린다. 어떻게 해야 맞는지 모르겠다. 그러다가 나몰라라 한다. 무엇보다 AM 엄마는 효율성이 떨어진다. AM 엄마가

100의 노력을 한다 해도 FM 엄마가 10의 노력을 한 것보다 못하다. 정리에 서툰 사람은 집 안 정리한다고 하루 종일 낑낑대봤자 티도 안 나지만 정리 잘하는 사람은 30분 만에 뚝딱 말끔하게 해놓지 않는가? 그와 마찬가지다. 진짜 AM 엄마는 노력해도 힘만 들고 별로 효과도 없다.

AM 엄마라면 공부 습관 가르쳐주는 책대로 해보려다가 안 됐을 때, 아이를 구박하거나 엄마가 자책하지만 않으면 된다. '우린 이 방법이 안 맞나 봐~' 하고 마음 편히 먹는 게 제일 좋다.

그럼 쌍방 AM은 어떻게 공부시켜야 할까? 그냥 남과 비교하지 말고 엄마 마음 편한 정도에서 하고 싶은 만큼, 할 수 있는 만큼 하면 된다. 아이도 그럭저럭 따라오는 수준에서 만족하자. AM 타입은 '꾸준히'가 잘 안 되는 스타일이니 숙제 같은 최소한의 할 것만 해도 다행이라고 여기는 게 좋다. 매일 꾸준히 하는 계획보다는 일주일에 한두 번 몰아서 하는 방법도 나쁘지 않다. 내 마음 같아서는 쌍방 AM 스타일은 좀 마음을 내려놓고 편하게 살면 좋겠다. 그래도 다자기 인생 잘 살 방법이 있으니까.

이 권고에 AM 엄마들이 이렇게 반문할 것 같다. "그냥 아무것도 안 하고 놀라고요? 그게 말이 돼요?" 그러게, 아무것도 안 할 수야 없겠지. 설마 나의 권고에 정말로 배짱 좋게 아무것도 안 하는 엄마가 있을까? 있다면 그 용기에 박수를 보내고 싶다.

AM+FM, 아이가 하고픈 대로

AM 엄마와 FM 아이의 경우 엄마가 그리 힘들지 않다. 간단한 정보만 주고 이래저래 하라고 알려주면 아이가 알아서 기본은 한다. 아이가 하는 대로 놔두면 된다. 아이 의견 물어보고 하고 싶다는 것을 도와주기만 하자. '내가 더 잘 도와줘야 하는데' 하고 자책만 하지 않으면 오케이다. 간혹 어떤 AM 엄마는 FM 자녀가 너무 무리한다며 말린다고 한다.

아무래도 FM 성향의 아이들은 꾸준히 공부하는 능력이 있으니 성적이 좋은 경우가 많다. AM 아이들은 들쭉날쭉하다. 대신 AM 스타일은 한번 맘먹으면 몰입하는 능력이 뛰어나다. 소위 벼락치기 스타일이 많다.

2

공부의
미래

· ·

선행 학습과 조기 유학 열풍

자녀 교육에도 유행이 있다. 내 딸이 초등·중학교 다니던 2000년대에 선행 학습 열풍이 불었다. 그 당시 입시 제도가 내신 성적만으로도 명문대에 들어갈 수 있게 바뀌자 돈 좀 있는 적극적인 부모들이 공부 머리가 조금 부족한 자녀를 선행 학습시킨 것이다. 당연히 그 아이들은 내신 성적이 잘 나왔고 명문대에 들어갔다. 그렇게 한쪽에서 선행 학습을 시작하니 뒤에 있는 부모가 따라가지 않을 수 없게 되었다.

내 딸도 초등학생 때부터 학원을 여럿 다녔다. 물론 내가 학원에서 딸을 픽업하는 데 한 역할했다. 나는 사실 놔두자는 주의였는데 아내가 세상 물정 모르는 소리라며 내 말을 일축했다. 아이들 학원 문제로 아내와 몇 번 크게 다투었지만 항상 내가 입 닫고 픽업이나 열심히 해주기로 하며 끝났다. 이런 집이 우리 집뿐이었으랴. 그때는 공부를 시켜야 되나 말아야 되나 하는 고민이 필요치 않은 시기였다. 좋은 대학은 당연히 가야 하는 것이었고, 그래야 최소한의 삶이 보장된다는 믿음도 당연시되었다.

2000년대에 또 하나의 유행이 있었다. 조기 유학이다. 한창 글로벌, 세계화를 외치던 때라 영어가 필수라는 인식이 있었다. 초등학교 때 1~2년간 미국 유학 보내면 영어 회화도 잘할뿐더러 돌아와서 영어 성적도 잘 나온다고 믿었다. 비용이 많이 드는 미국 대신에 호주나 뉴질랜드로 유학 보내는 부모들도 있었다. 우리 부부도 딸을 유학 보내야 하나 고민했지만 정보력도 부족하고 돈도 모자라고 무엇보다 게을러서 아무 데도 못 보냈다. 돌이켜보면 그때 못 보낸 게 천만다행이었다. 조기 유학의 결과로 많은 아이들이 해외에서 방황하는가 하면 많은 아빠들이 기러기 신세가 되었다. 돌아온 아이들은 우리말 수준이 유치원생 수준에 멈춰 있었고 영어 시험공부는 더 힘들게 해야 했으며 한국 학교 문화에 적응하지 못해 문제아가 되기도 했다. 그렇게 조기 유학 열풍은 실패로 판명되고 사라져갔다.

그 당시에는 선행 학습이나 조기 유학은 할 수만 있다면 당연히 하는 게 좋다는 인식이 지배적이었다. 요즘은 초등학교 아이를 혼자 낯선 타국에 보내는 부모가 거의 없다. 조기 유학 열풍은 수그러들었지만 공부 올인은 지금도 지속되고 있다. 공부 올인도 사실 실패로 판명 나고 있다. 15년 동안 공부시키느라 돈도 많이 들고 아이도 부모도 고생이지만 좋은 대학에 들어가기는 어렵고 들어가도 인생 보장이 안 되는 게 현실이다. 그런데도 많은 부모가 공부 올인에서 빠져나오지 못하고 있다. 이유가 무엇일까? 하나는 불안, 또 하나는 욕망이다.

●●

대학이라는 깡통 보험

원래 공부는 때 되면 자기가 알아서 하는 것이었다. 그런데 20년 전쯤 공부 패러다임이 바뀌었다. 유치원 다닐 때부터 확실한 목표와 전략을 갖고 공부해야 하고 사교육을 통해 선행 학습을 하는 걸로 바뀌었다. 그 바뀐 시대부터 거의 20년간 대다수가 그렇게 공부했다. 그래서 지금은 어떻게 됐나? 그렇게 공부해도 서울에 있는 대학 가기 힘들고 좋은 대학에 입학해도 취직하기 어렵고 직장 들어가도 별 볼 일 없다. 명문대라는 타이틀이 사회생활에 약간의 이득은 있겠지만 15년의 희생에 비해서는 보잘것없다.

대학이 크게 도움이 되지 않는다는 사실을 알면서 왜 그렇게 공부를 시킬까? 다른 방법이 없기 때문이다. 지금까지는 좋은 학교 나오면 뭐든 이익이 있었고 손해는 아니었다. 예측 불허의 세상에서 최소한 대학이라는 보험이라도 들어서 위험 부담을 줄이자는 것이다. 어쨌거나 공부 잘하면 좋은 거고 남보다 잘 살지 않겠느냐는 막연한 심리다. 하지만 그 심리는 과거 시험 합격하면 출세가 보장된다는 19세기 사고방식에 머물러 있는 것이다. 이전까지는 대학이 개천에서 용 나는 로또이자 보험이었지만 지금은 보장도 안 되고 환급도 안 되는 깡통 보험이다. 상황이 이런데도 부모의 심리적 안정을 위해 부모는 빚지고 자녀는 병들어가면서 엉터리 보험에 올인하고 있다.

앞으로 대학도 별 볼 일 없는 시대가 올 것이다. 스포츠 선수들을 보자. 2000년대 초까지 운동선수들의 로망이 연고대였다. 국가대표도 연고대 출신이 아니면 힘들었다. 연고대가 아니라도 대학은 필수였다. 폼도 나고 낭만도 있고 학벌로 인한 후광도 있었다. 그러나 시대가 바뀌었다. 각 운동 종목에서 프로팀이 활성화되었고 반대로 대학 스포츠가 빈약해졌다. 환경이 달라진 것이다. 지금은 운동 좀 한다는 아이들은 대학에 가봐야 실력만 떨어지니까 프로팀으로 바로 입단한다. 최근의 운동 스타들은 모두 고졸 루키들이다.

운동선수뿐 아니라 우리도 마찬가지다. 지금 대학 들어가면 어떤가? 대학 간판 때문에 원치 않는 학과에 들어가고 원치 않는 공부 억지로 하고 있다. 전공에 맞춰 취직하기가 힘드니 많은 이들이 공무원 시험을 준비한다. 명문대생들 중에도 적지 않은 이들이 공무원을 목표로 한다. 그럴 바에야 차라리 대학 가지 말고 공무원 시험 보는 게 더 효율적이지 않을까. 내가 만난 고3 학생이 있는데 공무원 시험을 준비 중이라고 한다. 군대 갔다 와서 2~3년 내에 합격하려고 한다고. 공무원 되었다가 나중에 휴직하고 원하는 학과에서 자기가 하고 싶은 공부를 하고 싶단다. 그 학생이 현명한 게 아닐까?

• •

엄마의 자존심이 되어버린 성적

공부 올인의 패러다임이 바뀌지 않는 또 하나의 이유가 있다. 자녀의 성적이 엄마 능력의 기준이고 엄마의 자랑이자 자존심이기 때문이다. 자녀 교육이 엄마의 직업이 되었다. 마치 선수 성적이 좋으면 코치가 빛나고 선수 성적이 바닥이면 코치가 욕을 먹듯이 말이다. 공부 시장은 아이를 선수 삼아 자기 삶을 빛내려는 코치 엄마들의 전쟁터 같다. 아이들은 엄마들의 싸움을 대신하는 용병이다.

언제부터 자녀의 공부가 엄마의 능력, 엄마의 자존심이 되었나? 옛날에는 자녀가 공부 못하면 엄마가 쯧쯧 하고 꿀밤 한 대 때리면 그만이었는데 지금은 엄마가 죄인이 되는 분위기다. 자녀 성적은 엄마 능력이라는 공식이 20년 가까이 지속되었다.

하지만 이런 문화도 점점 바뀌고 있다. 지금은 아이들이 모두 비슷비슷한 사교육을 받고 있으니 엄마의 노력이 아이의 성적과 비례하지 않는다. 엄마의 관리 능력이라고 해봤자 초등학교 때까지 반짝

하고 그 뒤로는 결국 아이들의 능력에 좌우된다. 엄마가 애써도 아이의 성적에 큰 영향을 주지 않는다. 이 사실을 엄마들이 알게 되었다. 많은 엄마들이 남들 따라 학원 보내고 공부는 시키지만 이제는 자녀 공부와 엄마 자신의 능력을 직결하지 않는 추세다.

자녀 성적으로 엄마를 평가하는 시대는 곧 사라질 것이다. 당연하다. 어떻게 엄마의 능력, 엄마의 인생이 자녀의 공부로 평가받는가! 한 여성이 '엄마'라는 가면에 갇혀 사는 것도 갑갑한데 거기에 자녀의 공부에 묶인 삶이라니…. 지혜로운 엄마들은 이미 그 사실을 알고 있다. 그래서 곧 '엄마'를 평가하는 시대에서 한 여성을, 한 인간을 평가하는 시대로 바뀔 것이다. 그래야 정상이다. 한 인간을 평가하는 데 '자녀 공부'가 들어갈 이유가 없다.

"우리 애 1등 했어." "어, 그래? 축하해. 아참, 나 이번에 기타 연주회 해. 너 구경 와라." "우와, 언제 기타를 배웠대?" 이래야 한다. 아이 1등 한 건 '어, 그래?' 하고 대수롭지 않게 넘어간다. 아이의 성적보다 엄마 자신의 성과, 경력이 중시되어야 한다. 머지않아 그렇게 바뀔 것이다. 바뀌어야 한다. 내가 내 삶을 잘 살아야 그에 따라 아이도 자기 인생을 잘 산다.

다섯 살 때부터 역기 드는 아이들

우리는 인생의 수많은 종목 중에서 오직 공부라는 종목에만 올인하고 있다. 공부를 스포츠에 빗대서 설명해보겠다.

현재 대한민국 스포츠는 역도가 대세라고 가정해보자. 다른 아이들이 역도 대회에서 메달을 땄다는 소식에 불안해져서 각 가정에서 아이에게 역도를 배우게 한다. 내 아이에게 어떤 재능이 있고 어떤 소질이 있는지 상관없이 너도나도 역도 선수 시키려 든다. 다섯 살 때부터 역기를 들게 한다. 아이는 엄마가 시키는 대로 매일 무거운 것 들고 낑낑댄다. 엄마는 역기 드는 것도 '습관'이라며 아이에게 하루 한 시간씩 역기를 들게 하고 역도는 '엉덩이 힘에서 나온다'며 매일 스쿼트 자세 100개씩 시킨다. 역도 싫어하는 아이에게 금메달 따면 뭐가 좋은지 알려주면서 역도의 꿈을 심어주려고 애쓴다.

다섯 살 때부터 아이 공부시키는 건 아이에게 역기 들게 하는 것과 똑같다. 아이는 엄마 마음 안 아프게 하려고 시키는 대로 한다. 그러다가 능력이 한계에 다다르고 결국 중도 포기한다. 연약한 아이가 10년 동안 무거운 역기를 드느라 허리 고장 나고 어깨 탈나고 무릎 망가졌다. 그 후에는 가벼운 아령도 들기 힘들어 집에서 비실비실한다.

우리 아이들이 이러고 있다. 아이들에게 무거운 역기를 들게 하면 안 된다. 그냥 운동장에서 놀게 해야 한다. 그러면 달리는 아이가 있고 축구하는 아이, 철봉에 매달리는 아이가 있다. 가만히 놔두면 자기가 좋아하는 걸 한다. 그게 기본이다. 자기가 하고 싶은 걸 하면 나중에 뭐든 할 수 있다. 육상 선수가 되든 축구 선수가 되든 하고 싶은 종목을 찾아서 한다. 선수가 안 되어도 스스로 즐길 수 있다.

생각해보자. 내 아이가 아침에 일어나 눈을 비비는 순간, '어휴, 오늘 또 무거운 역기를 들어야 하는구나' 하는 생각이 든다면? 벌써 몸이 굳고 어깨가 무거워진다. 거기다 한두 해에 끝날 일이 아니다. 그러니 도망가고 싶다. 사라지고 싶다. 그럼, 아이가 좋아하는 축구를 하게 하면 어떨까? 좋아하는 춤을 추게 하면 어떨까? 아이가 아침에 눈 뜨자마자 오늘도 운동장에서 축구할 생각하니 기분이 좋다. '오~ 신나는 삶이여!' 춤출 생각을 하니 온몸의 에너지가 솟구친다. '아~ 춤추는 인생이여!'

● ●

건강한 욕심인가 자문해보자

하루는 강의가 끝나고 어느 엄마가 찾아왔다. 나를 너무나 만나고 싶었다고 하면서 꼭 물어볼 게 있다고 했다.

중학교 올라가는 아들이 있어요. 얘가 공부를 좀 해요. 그런데 선생님이 쓰신 책을 읽고 느낀 점이 많았어요. 공부보다 자발성이 중요하다고 하셨는데 무척 공감했어요. 그때부터 공부시키는 게 좀 꺼려지더라고요. 공부도 아이가 알아서 하면 그만이려니 하고 마음을 잡고 있는데 어떤 엄마한테 이런 얘기를 들었어요. 자기 아들이 대학 가서 이런 말을 했대요. "엄마가 옛날에 나를 좀 다그치고 공부하라고 했으면 좋았을 텐데…. 지금 생각해보니 엄마가 날 그냥 내버려둔 게 아쉬워." 그 말에 제가 고민이 생겼어요. 공부를 시켜야 할까요, 아니면 그냥 내버려둬야 할까요? 꼭 여쭤보고 싶었어요.

일단 그 엄마가 고마웠다. 내 책을 읽고서 공부시키려는 마음을 접으려고 결심까지 했다니 말이다. 하지만 현실은 단순하지 않다. 내가 물었다.

아드님 공부 안 시키려고 하니 마음이 쉽게 내려놓아지던가요?

잘 안 돼요. 공부 안 시키겠다고 생각하니 편하지가 않아요. 아쉽기도 하고 나중에 후회할 것 같기도 하고요.

그럼 공부시키셔야죠. 엄마 마음이 편한 쪽을 선택하셔야 합니다. 공부 안 시키고도 마음이 편하면 괜찮지만 아깝다는 미련이 더 크면 공부시켜야 됩니다. 그리고 이왕 할 거면 열심히 도와야죠. 중요한 건, 엄마가 언제든지 욕심을 내려놓을 수 있으면 돼요. 아이가 계속 공부 잘하면 다행이라 생각하시고 공부하기 싫어하면 그 또한 당연하다고 생각하시고요. 이게 아니다 싶으면 쿨하게 내려놓을 마음의 준비를 하시면 되는 거예요. 아이에게 좋은 기회를 주는 건지 아니면 내 욕심인지만 잘 살피세요. 그리고 저하고 했던 이야기를 아들과도 나눠보세요. "내가 선생님하고 공부와 자발성에 대해서 이야기했는데…" 하고요. 아들의 의견을 들어보세요. 공부는 아드님이 하는 거니까요.

공부시키라는 내 말을 듣고 그 엄마는 마음이 편해졌다. 아들하고 이야기 잘 해서 공부 한번 제대로 시켜보겠다 하신다. 대신 아니다 싶으면 언제든 쿨하게 마음 내려놓겠다고 약속하셨다.

자녀 교육은 엄마 마음 편한 게 우선이다. 엄마가 욕심이 있는 편인데 공부 좀 하는 아이를 그냥 내버려두는 게 가능할까? 그런다 해도 마음이 편할 리 없다. 공부 안 시키고 나서 아이 볼 때마다 아쉽고 후회하는 마음이 들지 않겠는가.

엄마의 욕심 자체가 나쁜 게 아니다. 엄마의 욕심은 아이를 성장시키는 힘이다. 그 욕심이 아이와 상관없는 엄마만의 욕심일 때가 문제다. 겉으로는 아이의 성장을 원하면서 잠재의식에서는 엄마의 잘남을 드러내려고 할 때, 그런 욕심이 아이를 힘들게 하고 병들게 한다. 하지만 건강한 욕심이라면, 정말 아이가 잘되기만을 바라는 엄마의 욕심이라면 어찌 나쁘다고 하겠는가!

건강한 욕심을 지닌 엄마는 어느 순간 아이를 위해서라면 망설임 없이 욕심을 내려놓는다. 욕심과 지혜를 겸비한 엄마다. 건강한 욕심이라면 굳이 버릴 필요 없다. 우선 엄마가 하고 싶으면 해야 한다. 아이를 잘 살피고, 잘 이야기하고, 잘 내려놓을 마음만 있으면 뭐든 괜찮다.

●●

사랑받는 꼴찌를 위하여

공부, 시켜도 좋다. 아예 공부 전쟁을 시작도 안 했으면 좋겠지만 그러기 힘들다면 포기할 마음의 준비를 늘 하고 있자. 성적 때문에 아이를 포기하기 전에. 아이가 인생을 포기하기 전에.

또 하나. 공부 때문에 아이 타박하지 말고 엄마 자책하지 말고 엄마 점수 스스로 낮추지 말자. 남이 부럽더라도 우리 아이 자존감을 깎지는 말자. 그러면 된다. 공부 말고 다른 걸 부러워하자. 이웃집 아이가 내 아이보다 농구 더 잘하는 걸 부러워하자. 친구 자녀가 내 아이보다 춤 더 잘 추는 걸 질투하자. 내 아이가 좋아하고 잘하는 걸 팍팍 밀어주자. 춤 좋아하면 춤 선생 붙이고 농구 좋아하면 농구 코치 일대일로 붙이자. 그러면 아이가 잠 안 자고 춤출 거고 일요일

꼭두새벽에 일어나서 농구장 갈 거다. 집에 와서 춤추면서 "엄마, 나 많이 늘었지" 하며 자랑할 거고 "나 농구 시합 있어. 와서 봐" 하면서 엄마 초대할 것이다. 그러면 안아주고 응원해주자. 자녀들의 끼와 에너지를 엄마가 함께 듬뿍 느껴주자. 나의 기쁜 에너지를 마음껏 발산시켜주느라 애쓰는 엄마를 보고 어느 자녀가 눈 부라리거나 무시하고 짜증 낼까!

'학업 성적이 너를 평가하는 기준이 절대 아니다!' 엄마는 자녀에게 이걸 각인시켜야 한다. '너는 너 자체로 엄마의 최고다. 공부는 잘하면 좋은 거지만 못해도 상관없는 것이다. 공부보다 네가 좋아하는 농구를 잘하는 게 더 기쁘다. 좋아하는 춤을 잘 추는 게 더 기쁘다. 네가 좋아하는 걸 잘해야 엄마도 기쁘다.'

공부만 빼버리면 내 아이한테 뭐가 문제인가? 100가지 문제 중에 99가지가 사라질 것이다. 구박할 일도 짜증 낼 일도 없고, 미워할 일도 한심하게 볼 일도, 잔소리할 일도 자책할 일도 죄책감 가질 일도 거의 다 사라질 것이다. 그러다 정말 아이가 공부를 못하면 어떡하느냐고? 뭐가 문제인가? 공부 못한다고 내 아이가 남의 아이로 바뀌나? 내 사랑하는 아이가 뭐가 바뀌나? 공부 못한다고 내가 아이 사랑하는 데 문제가 있나? 있는 그대로 예쁘고 사랑스러운 내 아이 아닌가.

이런 엄마도 있었으면 좋겠다 싶어서 우스개 같은 대화를 상상해보았다.

아들이 반에서 성적이 꼴찌다.

"엄마, 나 꼴찌 했는데 괜찮아?"

"그럼 괜찮지. 말이라고 하니."

"창피하지 않아?"

"엄마가 왜 창피하니? 네가 창피하면 몰라도. 엄마는 괜찮아."

"내가 밉지 않아?"

"왜 네가 밉니? 꼴찌 하는 게 미울 일이야? 그럼 너는 엄마가 돈 못 벌어서 밉니?"

"아니."

"거봐. 너 꼴찌 한다고 미워하면 네가 엄마 돈 못 번다고 미워해도 할 말 없지. 그리고 꼴찌 아무나 하는 거 아냐. 네가 꼴찌 해서 다른 애가 꼴찌 안 했잖아. 그것도 친구를 위해서 좋은 거야. 네가 친구들을 밑에서 받쳐주고 있잖아. 엄마는 그것도 너의 매력이라고 생각해."

"정말?"

"그럼!"

어디엔가 이런 엄마가 있을 거다. 이렇게 예뻐하면 된다. 그래, 못 할 게 뭐 있나. 엄마 인생 잘 살고 아이도 즐겁게 잘 살면 되는 거 아닌가? 꼴찌 한다고 아이 안 예뻐할 이유 있나? 꼴찌 한다고 엄마 인생 못 살 일 있나? 꼴찌 한다고 내 아이가 재미있고 의미 있게 못 살 일 있나? 그리고 엄마가 꼴찌 아이를 예뻐해주면 그 애는 어딜

가나 예쁨받는다. 진짜로. 엄마는 마법사이기 때문이다. 엄마가 예뻐하면 모두 예뻐한다. 학교에서 성적은 꼴찌이지만 아이는 쾌활하기만 하다. 애들이 이상하게 생각한다. 아마도 전교 1등 하는 애가 꼴찌 하는 내 아이한테 홀딱 반할지 모른다. 자발성이 넘치고 재미가 넘치고 예쁨이 넘치니까. 그 애는 나중에 분명 잘 산다. 꼴찌라는 밑바닥에서도 존재 자체로 사랑을 받은 아이이기 때문에 더 이상 무서울 게 없다. '나는 어떤 상황에서도 사랑받는 아이구나.' 이게 최고의 자존감 아닌가!

배반의 마시멜로

앞서 훈육에 대해 이야기하면서, 참고 인내하면 훗날 더 큰 보상이 온다는 마시멜로 실험을 예로 들었다. 그런데 이런 경우라면 어떨까. 마시멜로 하나를 더 주겠다는 약속이 지켜질지 아이가 확신할수 없는 경우라면? 신뢰를 변수로 한 또 다른 마시멜로 실험이 있었다.

열네 명의 아이들이 실험에 참가했다. 그 아이들에게 크레용을 주고 '종이에다 그림을 그릴 건데 지금 그리지 말고 조금 참으면 예쁜 크레용을 하나 더 줄 것'이라고 약속을 한다. 정해진 시간 동안 잘 참은 아이도 있고 못 참은 아이도 있었다. 잘 참은 아이들에게 실험자는 '미안하지만 크레용이 다 떨어져서 못 주게 됐다'고 했다. 이렇게 사전 실험을 하고 다시 그 아이들에게 원래의 마시멜로 실험을 했다. 실험 결과, 마시멜로를 안 먹고 끝까지 참은 아이는 열네 명 중 단 한 명뿐이었다. 신뢰를 경험하지 못한 아이들은 조절력이 떨어진다는 이야기다. 15분을 기다려서 마시멜로 두 개를 먹을 수 있다는 믿음이 없는데 어떻게 참고 기다리겠는가.

불확실한 마시멜로 실험. 배반의 마시멜로 실험. 어쩌면 대한민국 학생들은 초등학교 때부터 이런 실험에 걸려든 게 아닐까. 지금 인내하고 견디면 장밋빛 인생을 주겠다는 실험이다. '좋은 대학 가면 너 하고 싶은 대로 마음껏 다 하고 살 수 있다. 그리고 평생 너의 행복이 보장된다. 그러니 조금만 참아라!' 원래 마시멜로 실험에서 주어진 시간은 15분이었지만 지금 우리 아이들이 걸려든 실험은 15년이다. 원래 실험은 약속대로 잘 참은 아이들에게 마시멜로를 한 개 더 주었지만 우리의 실험은 아이들에게 절망을 준다. 대학을 가도 학점에, 토익 점수에, 취업 준비에 불안한 청춘이다. 15년을 참은 아이들에게 마시멜로는 없다. 아이들을 '유보된 삶'으로 몰아넣고 불안과 좌절을 주는 이상한 실험이 계속되고 있다. 이 실험이 언제쯤 끝날까. 누가 끝낼까.

4부

자발성

자발성이
답이다

우리는 원래 자발적인 존재

최근 AI 시대에 새로운 교육이 필요하다고 주장하는 책들이 나오고 있다. 저자들은 이구동성으로 입시 위주의 암기식 교육으로는 미래 인재를 양성할 수 없다고 강조한다. 그렇다고 어떤 교육이 AI 시대의 대안이라는 구체적인 방법을 제시하지는 못한다. 단지 몇 가지의 교육 가치를 강조한다. 그 단어들을 나열해보면 자발성, 창의성, 인간성, 정, 인문학적 소양, 도전, 모험, 융합 등이다. 나는 그중에서도 자발성을 첫째로 강조하고 싶다. 자발성이 이 모든 능력의 기본이기 때문이다.

자발성의 사전적인 정의는 '남의 지시나 영향에 의하지 않고, 자기 스스로의 의지에 따라 행동하는 성질'이다. 강한 파워, 독립심, 자유 등이 연상되는 해석이다. 느낌으로는 뭔지 알 것 같은데 약간 추상적이다.

사이코드라마 창시자인 모레노는 자발성을 '익숙한 상황에서 새롭게 반응하고 낯선 상황에서 적절하게 반응하는 힘'이라고 정의했다. '익숙한 상황에서 새롭게 반응'한다는 건 뻔하고 고리타분한 일상의 삶을 변화시켜 새로운 삶으로 만드는 능력을 뜻한다. '낯선 상황에서 적절하게 반응'한다는 건 생경한 상황이 닥쳐도 우왕좌왕하거나 도피하지 않고 그 상황을 컨트롤하는 힘을 말한다. 요컨대 자발성은 '고리타분한 일상을 재미있게 만드는 능력'이고 '새로운 세상을 즐길 수 있는 힘'이다.

자발성에 반대되는 개념이 수동성이다. 우리는 일상의 낡은 상황 속에 살면서 '재미없다. 왜 사는지 모르겠다'고 푸념한다. 그러다가 막상 새로운 상황이 닥치면 안절부절 어쩔 줄 모른다. 지금의 생활도 불만족이고 미래의 상황도 불안하다.

이 시대는 자발성 상실이 보편화되었다. 그래서 자기 삶이 뭐가 문제인지도 모른다. 우리 아이들은 유치원 시절부터 대학 들어갈 때까지 학원 뺑뺑이 돌고 밤늦게까지 학교와 학원의 좁은 책상에 앉아서 지낸다. 이걸 잘하는 능력을 우수한 능력이라고 하고 이런 걸 꾹 참고 잘 수행하는 아이를 우수한 아이라고 칭찬한다. 하지만 이런 능력이야말로 수동성의 극치다. 수동성이 너무 익숙한 아이들이라 대학 들어가서도 똑같이 취직 시험 준비하느라 학원과 책상에 묶여 지낸다. 살기 위해서 어쩔 수 없지 않으냐고 한다. 성적을 올리기 위해서 어쩔 수 없이 공부했고 취직하기 위해서 또 어쩔 수 없이 학원을 다닌다. 재미도 없고 의미도 없고 세상은 뻔하고 새로운 게 없다.

우리는 원래 자발성이 충만한 존재였다. 아이들을 보라. 생명력이 넘치는 자발성 덩어리다. 아이들은 늘 새롭고 늘 도전한다. 아이들은 뻔한 세상을 새롭게 창조하고 새로운 세상에 두려움이 없다. 이런 자발성의 아이들을 어른들이 길들인다.

부모 머릿속에 '자발성'이라는 단어가 1순위로 들어가야 한다. 부모 머릿속에 자발성이라는 단어가 있느냐 없느냐에 따라 30년 뒤 내 아이의 인생이 크게 달라진다. 자발성의 힘을 생생하게 살려주는 게 최고의 자녀 교육이다.

초등 1학년 딸을 둔 어느 엄마에게서 들은 이야기다. 어느 날 딸 아이의 담임선생님한테서 전화가 왔다. 아이가 가끔 지각을 하는데 오늘도 지각했다는 얘기였다. 엄마는 깜짝 놀랐다. 학교가 집에서 걸어서 5분 거리에 있고 최소 15분 전에 보내는데 지각이라니…. 딸에게 물어보니 딸은 그냥 자기는 학교에 가는데 늦는다고 했다. 이상하게 여긴 엄마가 다음 날 몰래 딸을 뒤따라갔다. 집을 나서 학교로 가는 길에 딸은 그저 걷기만 하는 게 아니었다. 길 옆 화단에 꽃이 피어 있으면 쪼르르 가서 앉아서 쳐다보고 만지작거리고 또 고양이가 보이면 쫓아가서 구경을 했다. 그러니 지각을 할 수밖에 없었던 거다. 아이의 학교 가는 길은 늘 새로운 세상이다. 엄마는 딸아이를 야단치지 않고 다음 날부터 10분 더 일찍 학교로 보냈다.

'학교 가는 길'은 별 의미가 없다. 그 길은 학교라는 목적에 종속된 도구일 뿐이다. 그 길은 새로운 세상이 아니라 뻔하고 의미 없는 길이다. 이 아이는 그 고리타분한 길, 수동성의 길, 존재 의미 없는 길을 꽃이 피고 돌이 굴러다니고 고양이가 노는 새로운 세상으로 만들었다. 이것이 자발성이고 창의성이다.

엄마가 자발성에 친숙해지기 위해서 꼭 알아야 할 단어가 있다. 놀이와 재미다.

••
자발성의 원천, 놀이

자발성이 제일 잘 발휘되는 행동이 놀이다. 우리는 놀이를 일 안 할 때 쉬는 것으로, 일을 잘하기 위한 부속물처럼 생각하는 경향이 있다. 하지만 아니다. 놀이가 우선이고 일은 그다음이다. 원초적인 인간의 행위는 그 자체가 놀이다. 아이들은 호기심에 만지고 찢고 흔들고 올라가고 뒹굴고 소리 지른다. 아이들의 행위가 모두 놀이다. 어른들 역시 잘 놀기 위해서 일하는 것이다. 그리고 공부나 일도 놀이처럼 할 수 있다면 인생 전체가 즐거운 놀이가 된다. 잘 노는 사람이 행복한 사람이다. 잘 노는 사람이 이기는 것이다.

여기에서 말하는 놀이는 시간 때우기의 여가가 아니라 '몸과 마음으로 몰입해서 재미를 얻는 적극적 행위'를 의미한다. 놀이에는 중요한 세 가지 철학이 들어 있다. 놀이는 자발적 행위이고 창조적 행위이며 그 자체로 완결된 목적을 갖는다.

놀이는 자발성의 꽃이다. 자발성은 재미에서 나온다. 아이들은 본능적으로 재미를 찾는다. 엄마가 그림책을 읽으라고 아이에게 몇 권 가져다준다. 아이는 책을 읽지는 않고 가로 세로로 세우고 눕혀서 멋진 집을 만든다. 스스로 새로운 놀이를, 새로운 재미를 만들어 낸 것이다. 이게 자발성이다. 아이는 '독서 시간' '읽어야 하는 책'이라는 고정 관념에서 벗어나 독서 시간을 놀이 시간으로, 책을 집으로 창조했다. 뻔한 세상을 새로운 세상으로 만든 것이다.

놀이는 창조성의 원천이다. 놀이는 세상을 창조하고 나를 새롭게 창조한다. 아이가 거실에서 놀고 있으면 놀이 속에서 거실은 이미 거실이 아니다. 그곳은 우주선도 되고 바다도 되고 마법의 궁전도 된다. 그 시간도 이 세상에 존재하지 않는 다른 시간이다. 현실의 시간은 사라지고 아이가 만든 새로운 시간만이 존재한다. 아이는 놀이 속에서 시간 이동과 공간 이동을 하고 새로운 자기만의 세계를 창조하고 자기만의 독특한 경험을 한다. 놀이는 또한 새로운 나를 창조한다. 공주가 되고 왕자도 되며 공룡, 괴물도 된다.

놀이는 놀이 자체가 목적이다. 놀이는 '지금 여기'에서의 기쁨과 재미가 목적이지, 어떤 이차적인 목적을 두지 않는다. 놀이는 무보

상성, 무의미성에 가치가 있다. 놀이로 인해 생기는 이차적인 이득은 놀이의 파생물일 뿐이다. 축구가 재미있으면 그만이다. 축구를 통해 건강해지고 팀워크를 배우는 건 축구라는 놀이를 통해 자연스럽게 얻는 결과물일 뿐이다. 놀이는 재미 이외에 어떤 보상이나 의미가 없다. '지금 이 순간을 살라'가 놀이의 철학이다.

부모는 놀이의 이러한 세 가지 철학을 확고하게 갖고 있어야 한다. 그래야만 놀이를 통해 자발성, 창조성, 재미를 찾는 능력을 키울 수 있다.

• •

몸짓, 딴짓을 허하라

아이의 자발성은 머리가 아니라 몸에서 나온다. 몸의 에너지가 바로 자발성의 원천이다. 일일 계획표에서 독서 시간이 되어 아이에게 책을 주었는데 그걸로 집을 만들고 있다. 그때 엄마가 "독서 시간이니 책 읽어야지. 책 갖고 장난치지 마!" 하면서 아이의 행위를 중단시킨다면 아이의 자발성을 막는 게 된다. 몸으로 놀고 싶은데 책을 읽으라고 하면 아이가 책에 몰입할 수 없다. 그래도 억지로 시킨다면 그건 수동성을 가르치는 꼴이다. 놀고 싶은 몸의 자발적 에너지가 어느 정도 방출되어야만 책 읽기에 새로운 에너지를 낼 수 있다.

자발성 살리는 방법을 알려드린다. 첫째, 아이가 '뭘 재미있어 하는지'를 기준으로 삼는다. 둘째, 아이의 자발적 행위를 기다려주고 지지해준다. 엄마는 아이의 '딴짓'에 가치를 두어야 한다. 아이의 딴 짓이 자발성인 경우가 많기 때문이다. 이런 의문이 들 수 있다. '그 럼 아이 하고 싶은 대로 다 놔두라는 말인가?' FM 스타일 엄마라면 특히 고민이 될 것이다. 물론 딴짓을 모두 허용하라는 건 아니다. 엄 마의 성향과 아이의 기질에 따라 적절하게 조절하면 된다. 어느 수 준으로 조절하느냐에 대한 가이드라인은 있을 수 없다. FM 부모라 면 그 허용의 폭이 좁아서 문제가 될 수 있고 AM 부모라면 허용의 폭이 너무 넓어서 문제가 될 수 있다. 부모마다 자녀마다 성향이 다 르니까 각자 수준으로 알아서 하면 된다. 하지만 중요한 건 '딴짓'에 대해 열린 마음을 갖고 있느냐 없느냐다. 이는 곧 자발성을 교육 가 치로 두느냐 아니냐의 차이다.

이것 하나는 명심해야 한다. '자발성은 몸에서 나온다!' 가능한 한 자녀에게 신체 활동을 할 기회를 많이 줘야 한다. 아이들의 몸속 에 다 들어 있다. 에너지, 생기, 활력, 힘, 경험, 지혜 등등. 몸을 많이 쓰게 하는 것이 아이의 자발성과 창조성의 밭을 가꾸는 것이다.

엄마는 아이의 성장에 따라 놀이의 개념을 확장해서 받아들여야 한다. 어릴 때야 그저 말 그대로 '애들 놀이'지만 커서는 놀이가 자 녀의 '자발적 행위'로 확장되기 때문이다. 놀이가 춤으로, 노래로, 운 동으로, 다른 관심사로 나타난다. 자녀의 이런 개성적인 자발적 행 위를 자녀의 '놀이'로 보고 잘 보듬고 지지해주어야 한다.

공부와 지식은 일차원적인 선이다. 고속도로와 같다. 한번 올라타면 도로를 벗어날 수 없다. 고속도로만 달린 아이는 경험한 길이 적기에 한 길이 막히면 갈 곳이 없다. 그 길을 벗어나면 탈선이다. 아이를 도로가 아닌 넓은 들판에서 놀게 놔둬야 한다. 아이가 들판에서 제멋대로 놀면 앞으로 가는 것도 아니고 목적지에 도달하는 것도 아니니 비효율적이고 쓸모없이 보인다. 하지만 하고 싶은 대로 움직이고 가고 싶은 대로 간 경험이 나중에 지혜가 되고 실력이 된다. 이 길 저 길을 자유롭게 다녀본 아이가 한 길이 막혀도 다른 길로 가고 모두 막혀도 새로운 길을 만들 수 있다. 아이의 놀이는, 그리고 딴짓은 점을 찍어대는 행위다. 현재는 별 의미가 없는 것 같지만 그렇게 모인 점들을 이으면 선이 되고, 면이 되고, 공간이 되고, 새로운 세계가 된다. 내 아이를 새로운 놀이, 새로운 재미, 새로운 세계를 창조하는 아이로 키우자.

●●

놀이에는 목적이 없다

놀이에서 가장 큰 문제는 놀이에 목적성을 갖는 것이다. 맘 카페에 올라온 글들 중에 '소심한 아이 자신감 키워주는 놀이법'이라면서 동작이 큰 놀이를 하거나 큰 소리로 웃고 떠들면서 놀고 힘센 로봇이나 공룡 놀이를 자주 하라는 식의 조언이 있다. 문제가 있는 조언이다. 놀이를 불량품 고치는 수리법으로 이용하라는 얘기와 같다. 아이의 자발성이 최고로 발휘되는 순간에 역설적으로 엄마는 아이를 불량품 색안경과 불안 냄새로 덮어씌우고 있다. 최악이고 죄악이다. 아이를 고치겠다는 숨은 목적을 갖고 순수한 자발성과 창조성을 죽이니 최악이고, 겉으로는 아이와 즐겁게 노는 척하면서 딴 속셈을 갖고 있으니 죄악이다.

'노는 김에 일거양득이니 괜찮은 거 아닌가?' 이렇게 물어볼 수 있겠다. 왜 놀 때조차 아이를 소심하다고 불안해하나? 왜 완전체인 아이에게 소심함 없어지는 놀이 치료를 하나? 매일 그렇게 놀면 소심한 아이가 대범한 아이 된다고 믿나? 그건 놀이가 아니라 치료고 사랑이 아니라 독이다. 또 창의력 발달에 좋다고 아이가 별로 좋아하지 않는 놀이를 권유하는 경우도 있다. 언어 발달에 좋다는 놀이, 대근육 발달에 좋다는 놀이, 머리 좋아지는 놀이 등등 교육적인 놀이가 있다. 뭘 해도 좋다. 중요한 건 재미가 최우선이어야 한다. 나머지는 재미있게 놀고 난 뒤에 얻는 덤일 뿐이다. '발달'이나 '학습'이 '재미'를 죽이면 안 된다. 그건 놀이가 아니라 훈련이다.

• •

재미가 있어야 의미도 있다

신이 인간을 만든 이유를 딱 하나만 들라면 '재미있게 살다 오라'가 아닐까 한다. 인간 행위의 원천이 재미다. 재미는 몸과 마음과 정신이 집중하는 몰입의 순간이고, 나와 너, 세상이 하나가 되는 통합의 순간이며, 과거·현재·미래가 사라지는 초월의 순간이다. 재미가 곧 살아갈 힘이 되고 지금 재미없어도 언젠가 재미있으려니 하고 살아간다.

의미도 재미 속에서 나온다. 재미가 실력 발휘할 때 의미로 승화된다. 개그맨 흉내를 재미있어하는 아이가 남을 웃기고 행복하게 해주고 싶다는 좋은 의미가 생겨 개그맨이 된다. 영화를 즐기는 아이가 감동을 주는 영화를 만들겠다는 의미가 생겨 감독이 된다. 재미가 다른 사람과 연결되는 순간 의미로 탄생한다. 재미가 삶의 제일 가치다. 아이를 보는 관점을 '재미'로 바꿔야 한다.

아이들은 재미로 산다. 의미는 나이 들어서 찾는 거다. 특히 중학교까지는 재미가 전부다. 굳이 아이들에게 의미라고 하면 엄마 마음 안 아프게 하려는 의미나 엄마한테 칭찬받는 의미 정도가 있을까.

재미를 주제로 이야기하다 보니 생각나는 것이 있다. 부모들은 자녀의 독서에 관심이 많다. 하지만 알아야 한다. 독서는 학습도 아니고 지식도 아니고 재미라는 걸.

초1인데 만화책만 봐요. 어떻게 하죠? 억지로 다른 책을 읽게 해야 할까요?

책을 억지로 읽힐 수 없다. 아이들의 독서는 재미가 다다. '재미 없는 책은 책이 아니다.' 이렇게 생각하면 된다. 만화건 동화건 활자를 읽으면 다행이다. 엄마는 아이와 서점이나 도서관에 가서 "보고 싶은 책 있으면 골라" 하면 끝이다. 나머지는 아이 능력에 맡기면 된다. 어떤 능력? 재미를 찾는 능력. 물론 엄마가 아이에게 맞을 것 같은 책을 추천하는 것도 좋다. 그 책을 자녀가 재미있게 읽으면 고마운 거고 안 읽으면 아이 취향이 아닌가 보다 하고 쿨하게 생각하면 그만이다.

책 편식을 걱정하는 부모가 있다. 괜한 걱정이다. 책이라도 읽으니 그저 고맙게 생각하자. 책 편식이 왜 괜찮나? 아이의 소질과 기질이 집중된 몰입이니 오히려 긍정적으로 봐야 한다. 그리고 재미있으면 나중에 관심사가 연결되기 때문이다. 자기가 필요할 때 다른 주제로 넘어간다. 과학책만 좋아하는 애가 책을 보다가 우연히 장영실이라는 사람이 나오면 그 인물이 궁금해서 역사책으로 넘어간다. 장영실에서 세종으로, 세종에서 한글로. 인터넷 서핑 하듯이 여기저기로 넘나들면서 새로운 주제를 만나는 기회가 온다.

• •

책 안 읽는 부모

내 아들이 대학에 들어갔을 때였다. 무슨 얘기를 하다가 아들이 이런 질문을 했다. "아빠, 햄릿 유형, 돈키호테 유형이 무슨 말이야?" "응, 소설에 나오는 사람들에 빗댄 성격이지." "두 사람이 같은 소설에 나와? 주인공이 둘이야?" 으잉? 놀랐다. 그것도 모르다니! 요새 대학생들 지식 수준이 문제가 있다는 소리는 들었지만 내 아들이 그럴 줄이야. 핀잔은 주지 않고 살짝 놀란 티만 냈다. "몰랐냐? 당연히 다른 책이지. 『햄릿』하고 『돈키호테』라는 책의 주인공이지." "아, 그렇구나. 들어보긴 했는데…." 그러면서 아들이 무안했는지 덧붙인다. "나 어렸을 때 아빠가 책 읽는 거 많이 봤는데, 왜 나는 책을 안 읽었을까?" 내가 무덤덤하게 한마디 했다. "그러게."

나는 내 아이들에게 책을 읽혀야 한다는 생각이 별로 없었다. 책을 읽으라고 강요하지 않고 독서를 위해 특별한 방법을 쓰지도 않았다. 아내는 독서 교육에 관심이 있었지만 직장에 다니고 있어서 적극적으로 관여하지 못했다. 아내가 한 게 하나 있다. 전집을 사는 것이었다. 소설 전집, 과학 전집, 역사 전집, 위인 전집, 과학 전집. 책방 차려도 될 정도였다. 처음에는 아내가 정말 책에 관심이 많고 아이들 독서에 신경 쓴다고 생각했다. 그런데 아니었다. 어떤 전집은 포장만 뜯고 한 권도 안 뽑은 채 박스 안에 그대로 있었다. 아내는 직장 다니느라 아이들에게 책을 읽어주지 못하니까 불안했던 것이다. 내가 아내에게 전집은 독서에 도움이 안 되니 그만 사라고 말렸지만 아내는 멈추지 않았다. 책 때문에 부부싸움 나겠다 싶어 결국 내가 포기했다. 읽지도 않은 그 많은 전집들을 나중에 아이들이 중학교 갈 때쯤 중고 서점에 팔았다. 그때 팔지 못한 전집 두 질이 지금도 책장 구석에 남아 있다.

흔히들 책을 읽지 않는 부모 밑에서는 책을 좋아하는 아이가 나오기 어렵다고 말한다. 난 그 주장을 별로 신뢰하지 않는다. 물론 부모가 책을 읽으면 아이가 책을 읽을 확률이 조금 높아질 수 있겠지만 큰 영향은 없다고 생각한다. 독서도 '습관'보다는 '기질' 비율이 1:9나 2:8 정도로 클 것 같다. 과학적 근거가 있는 건 아니지만 나와 내 주변의 경험에서 나온 믿음이다. 자녀가 책 안 읽는다고 괜히 부모가 자책하지 않았으면 좋겠다. 그리고 아이 독서 때문에 부모가 억지로 책을 읽으려고 애쓰지 않았으면 한다. 일 년에 책 한두 권 읽을까 말까 한 부모가 아이 때문에 책을 읽어야 한다면 그것 또한 고역 아닌가. 뭐, 아이를 위해서 새삼 책 읽는 습관을 갖겠다면 물론 대환영이다.

부모가 억지로 책 읽으려고 애쓰느니 즐겁게 드라마 보는 게 자녀 교육에 더 좋다고 나는 믿는다. 이런 믿음을 지지해주는 이론도 있다. '엄마가 즐거워야 아이가 똑똑하다.' 또 하나 있다. '엄마 인생이 재미있어야 아이 인생도 재미있다.'

부모가 꼭 책을 안 읽어도 좋다. 자녀가 책을 접할 기회를 주는 것만으로도 충분하다. 도서관이나 서점에 놀러 가고, '유익한' 책보다는 '재미있을' 듯한 책을 사서 책꽂이에 꽂아두는 정도만 해도 충분하다. 그걸로 자녀 독서 교육의 기본은 했다고 안심해도 될 듯하다.

내 삶에 재미가 있는가

인생은 연극이다. 영어 단어 'play'는 '연극'과 '놀이' 두 가지 뜻이 있다. 인생은 연극이자 놀이라고 할 수 있는데 합치면 '연극 놀이'가 된다. 내가 지금 하고 있는 역할을 보자. 중요한 역할이 무엇인가? 많지 않다. 엄마 역할, 아내 역할, 딸 역할. 직장에 다닌다면 직장에서의 역할, 또 친구나 이웃 역할. 그 역할 속에서 즐겁게 놀고 있나? 그 역할을 즐겁게 수행하고 있으면 행복한 것이고 괴롭게 하고 있으면 불행한 것이다. 내가 역할을 가지고 노는지, 아니면 역할이 나를 갖고 노는지? 그게 관건이다.

지금 무슨 재미로, 무슨 의미로 살고 있는지 돌아보자. 재미도 없고 의미도 없다면 왜 살고 있나? '언젠가 재미있는 일이 오겠지. 의미 있는 일이 생기겠지' 하는 희망인가. 혹시 나의 재미와 의미를 자녀에게서 찾고 있는 건 아닌가? 아이가 공부 잘하면 재미있고 아이가 반장이라도 되면 엄마로서 의미가 있나? 그것은 불안한 재미고 위험한 의미다. 재미는 자기 스스로 창조할 수 있어야 한다. 누구에게 좌우되는 재미는 진짜 재미가 아니다. 누가 나를 재미있게 해줘야 생기는 재미는 수동적으로 느끼는 재미, 구속된 재미, 언제 깨질지 모르는 불안한 재미다.

아이를 통해 재미와 의미를 얻으면 안 된다. 그건 아이에게 엄마 인생을 저당 잡힌 것과 다름없다. 아이를 엄마 인생의 볼모로 잡고 있는 것이다. 병적 사랑이고 병적 관계다. 누구와도 상관없는 나 스스로의 재미를 만들어야 한다. '내 삶에 재미가 있는가?' 이 주제를 다시 고민해야 한다. 아무리 생각해도 내 역할 속에서 재미를 찾을 수가 없다면 기존의 역할 말고 다른 재미있는 역할을 만들어야 한다. 배우는 학생 역할을 만들든지 가르치는 선생 역할을 만들든지 춤추는 역할, 운동하는 역할을 만들든지 해야 한다. 나를 재미있는 역할로 새롭게 창조하자. 재미를 만드는 능력이 최고의 능력이다. 그게 자발성이다. 엄마도 자발성이 필요하다. 그럼 이렇게 항변하는 분도 있을 것 같다. "누군 재미없게 살고 싶나? 이 상태에서 어떻게 하라고?"

공간을 바꾸면 삶이 바뀐다

삶을 재미있게, 의미 있게 사는 쉬운 방법을 하나 알려드린다. 다른 공간으로 가면 된다. 삶에 변화를 주려면 장소에 변화를 주어야 한다. 그러면 역할이 달라지고 인생이 달라진다. 만약 미국으로 이민 가서 산다면 어떻게 될까? 인생이 송두리째 바뀔 것이다. 쉽게는 가까운 헬스장이라도 가보자. 일상이 바뀐다. 일상이 바뀌다 보면 삶이 바뀐다. 사람들이 여행을 좋아하는 이유는 공간이 바뀌기 때문이다. 새로운 장소에 가면 새로운 사람, 새로운 경험, 새로운 삶을 만난다. 나는 어느 공간으로 들어가고 싶은가? 운동하는 공간, 강의를 듣는 공간, 사람들과 어우러지는 공간, 예술을 할 수 있는 공간? 어디든 좋다.

공간을 바꾸는 게 쉬운 일만은 아니다. 걸리는 게 많을 때 그렇다. 내적으로는 낯선 만남에 대한 불안감, 잘할 수 있을까 하는 두려움이 있다. 그러다 보면 굳이 할 필요 있을까 하는 생각과 귀찮음이 가로막는다. 심리적인 불안뿐 아니라 외적인 문제도 발목을 잡는다. 애들은? 남편은? 돈은? 시간은? 결국 그 자리에 가만히 있는 게 나은 것 같다. 그러면 똑같은 인생이다. 안팎으로 걸리는 게 있더라도 주렁주렁 발목에 묶고 그냥 걸어 들어가야 한다. 불안과 두려움을 극복하고, 가족과 돈과 시간을 해결하고 들어가는 게 아니라 그 모든 걸 갖고 들어가야 한다. 고민해봤자 완전히 해결이 안 되는 문제이기 때문이다. 그런데 신기한 건 해결 안 날 것 같은 문제들도 일단 새로운 공간으로 들어가면 알아서 정리된다.

오랫동안 마음속에 자리 잡고 있던 곳이라면 지금 당장, 안 되면 가능한 한 빠른 시일 내에 걸어 들어가자. 그래도 안 움직이려는 건 아직 이대로 살 만하니까 그런 것이다. '못 살겠네, 못 살겠네' 해도 아직 그런대로 살 만해서다. 그것도 뭐 괜찮다. 그래도 조금이라도 삶을 바꿔보겠다면 우선 작은 공간이라도 바꿔보자. 안 가본 근처 공원이나 새로 생긴 카페라도 가보는 거다. 새로운 공간에서는 새로운 내가 될 수 있다.

엄마가 새로운 공간에 들어가듯이 아이들에게도 새로운 공간을 자주 접하게 해줘야 한다. 학교, 학원 말고 우리 아이가 가는 새 공간이 있나? 아이가 새로운 곳에 가겠다고 하면 불안을 내려놓고 허락하자. 새로운 공간을 찾아가는 자발성을 살려주는 게 학원 한 달 다니는 것보다 아이 인생에 훨씬 이득이다. 생각해보자. 자신이 초등학교 때, 아니면 중고등학교 때, 새로운 곳에 간 적이 있는가? 그 기억이 있는지? 365일 학원에서 공부하던 기억과 딱 한 번 엄마 몰래 콘서트 간 기억? 어느 기억이 소중하고 내 인생에 영향을 줬을까? 자녀가 새로운 공간을 찾을 수 있게 도와주고 자녀가 새로운 공간에 가겠다고 하면 기뻐하자. 자녀의 자발성을 살려주는 좋은 방법이다. 엄마도 새로운 공간에서, 아이도 새로운 공간에서 거듭나며 살자.

● ●

게임, 자발성인가 중독인가

놀이와 자발성 이야기를 하다 보니 고민할 문제가 하나 있다. 바로 온라인 게임이다. 게임을 자발적 놀이로 보고 놔둬야 하나? 아니면 중독이 걱정되니 못 하게 해야 하나? 딜레마다.

온라인 게임도 놀이일까? 제대로 된 놀이에는 두 가지 요소가 있다. 하나는 '몸'이고 또 하나는 '함께'다. 놀이는 '몸으로 함께' 즐겨야 제맛이다. 그래서 가장 신나는 놀이가 운동이다. 이 시대는 진정한 의미로서의 놀이가 사라지고 있다. 혼자 놀고 머리로 논다. 그 대표가 온라인 게임이다. 온라인에서 협업을 한다 해도 그들은 가상의 인물이다. 마주 보고 함께 땀 흘리는 인간적인 만남이 아니다. 게임은 몸이 아닌 머리를 쓴다. 또한 게임은 자발성과 창조성보다는 수동적인 반응이 주가 된다. 말하자면 게임은 '몸'도 사라지고 '함께'도 사라지고 '창조성'도 사라진 놀이다. 물론 게임을 통해 창조성을 발휘하는 아이들도 있기는 하다.

게임은 놀이라기보다는 오락이나 여가 활동으로 보는 게 맞다. 공부에 허덕이면서 놀 친구도, 시간도, 공간도 없는 아이들이 게임 속으로 들어갔다. 게임이 아이들의 놀이를 접수했다.

많은 부모들이 자녀가 게임에 중독될까 봐 걱정을 한다. 하지만 너무 걱정할 필요는 없다. 보통의 아이들은 게임에 심하게 몰입하기도 하지만 쉽게 중독되지는 않는다. 중독에는 대개 심리적, 환경적인 문제들이 동반된다. 정신과 치료를 받는 알코올 중독자들 경우에도 대부분은 불안, 우울, 불면 등의 심리·정신적인 문제가 있거나 무직, 이혼 등의 환경 문제가 있다. 심리적, 환경적으로 문제가 없는 경우에는 알코올 중독에 빠지는 일은 드물고 혹 중독이 되었다고 해도 회복하기가 비교적 쉽다. 이와 마찬가지로 게임 중독의 우려가 있는 아이들에게서도 심리적, 환경적인 문제가 발견된다. 예컨대 학교생활 부적응, 복잡한 가정사 등의 환경 문제가 있거나 우울, 무기력과 같은 심리적인 문제가 깔려 있다. 특히 자발성이 고갈된 경우에 공부 대신 게임에 빠지는 경우가 많다. 공부는 싫고, 하고 싶은 건 없고, 무기력하고 만사 귀찮은 아이들이 은둔형 외톨이의 전조 증상처럼 게임 중독에 빠진다. 대부분의 건강한 아이들은 중독의 선을 넘지는 않는다. 사실 게임 중독보다는 게임 과몰입이 많다. 너무 많이 하는 것이다. 많이 한다는 기준 역시 부모에 따라 다르다.

게임에 대한 부모의 반응도 다양하다. 부모의 성향, 자녀의 성향에 따라 허용과 금지의 범위가 다르다. 자녀를 믿고 놔두는 부모가 있는가 하면 게임을 절대 못 하게 하는 부모도 있다. 게임에 어떤 태도를 취해야 할지에 대해 정답은 없다. 자녀와 부모가 대화를 통해 적절한 수준을 정하는 수밖에 없다. 아이를 믿고 기다려주는 게 좋겠지만 그러기가 쉽지 않다. 많은 부모와 자녀가 게임 때문에 밀당하고 다투면서 살고 있다. 확실한 건 자발성이 상실된 아이일수록 게임 중독에 쉽게 빠진다는 것이다. 수동적인 재미 외에 다른 재미를 찾지 못하기 때문이다.

게임뿐만이 아니다. 아이들이 놀 곳이나 갈 곳이 없으니 스마트폰, 유튜브에 빠져 지낸다. 이런 것도 아이가 재미있게 몰입하니까 자발성으로 인정해주고 놔둬야 할까? 물론 정도의 문제다. 게임이나 스마트폰은 그 자체가 좋다 나쁘다의 문제가 아니라 그 사용이 득이 되느냐 해가 되느냐의 문제다. 게임이나 스마트폰이 적당한 오락이자 여가 활동으로서 필요하지만 내 생활을 방해하고 나를 잡아먹어서는 안 된다. 자발성과 중독성을 구분해야 한다. 자발성과 중독성의 차이를 보자. 둘 다 좋아서 몰입하는 것 같지만 자기가 좋아서 '스스로 하는 것'과 '못 빠져나오는 것'의 차이가 있다. 한마디로 능동과 수동의 문제다.

자발성에서 재미는 능동적 즐거움이고 몰입은 능동적인 집중이다. 반면에 중독은 재미가 아니라 '집착'이고, 몰입이 아니라 '함몰'이다. 집착이란 어쩔 수 없이 걸려버려서 안 하려야 안 할 수가 없는 고통이다. 함몰은 그 속에 빠져 허우적대면서 나를 잃어버리는 것이다. 자발성의 놀이 후에는 스트레스가 풀리고 현실 생활에 더 충실하지만 중독성 오락이 끝나면 불안, 초조, 허망함이 엄습한다. 다시 현실에서 도피하려 하고 자아 상실의 세계로 빠지려고 한다.

조절력이 없는 어린 자녀의 경우 당연히 엄마가 컨트롤해야 한다. 엄마 편하겠다고 아이를 전자 기기에 맡겨서는 안 된다. 방치하면 안 된다. 어렸을 때부터 아이들이 전자 기기 사용에 주의하도록 하는 훈련이 필요하다.

어려서는 엄마가 조절해줄 수 있지만 자녀가 컸을 때가 문제다. 건강하고 조절력이 있는 아이는 게임이나 스마트폰 사용도 스스로 조절할 수 있다. 내 자녀가 그럴 아이라고 생각하면 믿고 맡기면 된다. 하지만 그 사용이 과다해 보이고 아이의 조절력에 위기가 왔다고 느끼면 당연히 개입하고 제재해야 한다. 자녀가 게임이나 스마트폰 사용을 스스로 조절하지 못하는 징후가 보이면 즉시 부모가 개

입한다는 걸 확실하게 알려줘야 한다. 개입하고 제재하는 경계선은 부모의 마음이 기준이다. 안 되겠다 싶으면 당연히 전자 기기 사용에 규칙을 만들어야 한다. 물론 가이드라인을 정할 때는 자녀와 충분히 논의를 하자. 일단 가이드라인이 정해지면 흔들림 없이 지켜야 한다. 시작했는데 자녀가 규칙을 못 지킨다면 너무 과한 규칙인지 검토해보고 수정할 필요도 있다. 수정한다면 부모가 수용할 수 있는 한도에서 다시 정하고 또 엄격하게 지켜야 한다.

핵심은 조절력이다. 단순히 '공부에 방해되니 하지 마' '중독되니 하지 마' 하면 저항감만 들 수 있다. 자녀 입장에서는 '내가 알아서 할 텐데'라고 생각하기 때문이다. 이렇게 얘기하면 어떨까?

"네가 알아서 할 거라고 믿지만 엄마가 보기에 과하면 경고의 잔소리를 할 거야. 그래도 계속 조절이 안 되면 규칙을 정할 거고. 스마트폰 자체의 문제가 아니라 너의 조절력이 중요하기 때문이야. 조절력은 평생 갖고 있어야 하는 너의 자산이거든. 스스로 조절할 수 있는 힘을 키워주는 게 엄마의 임무야."

2

아이들의
미래

..

게임의 규칙이 바뀌었다

2016년 3월, 바둑 세계 1위 이세돌이 AI 알파고에 4대 1로 패했다. 충격이었다. 시합 전 이세돌은 여유만만하게 웃으며 이렇게 말했다. "제가 5:0 아니면 4:1로 이길 것 같습니다." 이때까지 많은 사람들은 인공 지능이 아무리 바둑 학습을 했다 해도 인간처럼 창의적인 수를 둘 수 없을 거라고 생각했다. 그러나 이 대국에서 알파고는 천 년 바둑 역사에 없는 신수를 두었다. 단 닷새 만에 세계적인 바둑을 연구해온 세계적인 기사들이 무릎을 꿇었다. 그 순간 세상은 바뀌었다. 게임의 규칙이 완전히 바뀐 것이다.

'닥터 왓슨(Dr. Watson)'은 미국 IBM이 개발한 '인공 지능 의사'

다. 유명한 원로 교수 다섯 명의 의견과 왓슨의 처방이 엇갈릴 때 암 환자들은 모두 인공 지능 의사 왓슨의 의견을 따랐다. 세계적인 바둑 기사들이 알파고에 무릎을 꿇었듯이 세계적인 의학자들도 왓슨에 고개를 숙였다.

우리 아이들이 살아나갈 20년 후에는 어떤 세상이 올까? 20년을 내다볼 필요도 없다. 현재 어떤 일들이 벌어지고 있는지 알면 된다. 유튜브에서 다음 단어들을 검색해보자. AI, 4차 산업혁명, 20년 후 세계, 드론, 로봇, 나노, 3D, 자율주행차, 복제 인간. 5~10분짜리 관련 영상들이 많으니, 몇 편이라도 꼭 보고 참고하기를 바란다. 우리 아이들이 살아갈 세상이 어떤 세상일지 감이라도 잡아야 하기 때문이다. 다음 이야기를 보자.

미국 최고의 경제 중심지인 월 스트리트에서는 주식 분석가의 80퍼센트가량이 사라진다. 그 자리를 인공 지능이 대신한다. 최고의 분석가 열다섯 명이 한 달 걸려 하는 일을 AI는 단 5분 안에 해결한다. 더구나 AI는 24시간 내내 불평 없이 일하고 게으름도 피우지 않고 돈 더 달라고 파업하지도 않는다. 주식 분석가는 미국의 최고 엘리트들이 원하던 꿈의 직업이었지만 곧 사라질 위기다. 제약 회사도 이미 인공 지능이 접수했다. 보통 신약을 만드는 데 10년이 걸리고 비용은 3조 원이 들어가는데 인공 지능은 똑같은 신약을 만드는 데 3개월에 10억 원 정도면 가능하다. 코로나19와 같은 신종 바이러스의 치료제와 백신도 AI가 개발한다. AI가 얼마나 빨리 백신과 치료제를 개발하느냐에 따라 인류 운명이 결정된다. 학자들은 앞으로 노벨의학상은 인공 지능이 타야 한다고 공공연히 말하고 있다.

외국어 공부도 필요 없게 되었다. 이어폰 하나만 끼고 있으면 40개국 언어가 자동 번역돼서 들린다. 서로 다른 나라 사람 열 명이 모여 각자 자기네 나라 말로 이야기해도 자동으로 번역되어 열 명이 자유로운 의사소통이 가능하다. 실제로 평창 동계올림픽에서 사용되어 극찬을 받았다고 한다. 이런 자동 번역은 5년 내에 실용화할 예정이다.

로봇은 어떤가? 로봇이 공중제비를 한다. 층계와 산악 지대를 성큼성큼 뛰어다니는 모습에 두려움이 들 정도다. 그 로봇에 살상용 무기를 장착하면 전투 로봇이 된다. 그 전투 로봇에 인공 지능을 장착하면 영화에 나온 '터미네이터'가 현실이 된다.

인간이 또 다른 생명체를 창조했다. 유전자 프로젝트로 473개의 유전자로 구성된 새로운 생명체를 만들어냈다. '크리스퍼'라는 유전자 가위로 유전자를 조작해서 맞춤형 인간을 만들 수 있다. 인간 복제는 윤리적인 문제로 못 하고 있을 뿐이다.

20여 년 전 SF 영화에서 봤던 일들이 이미 현실이 되고 있다. 인공 지능 개발자들은 말한다. "우리가 만들었지만 인공 지능이 이렇게 빨리 똑똑해지는 이유는 우리도 잘 모르겠네요." 인간이 만들어놓고 인간이 모르는 일들이 벌어지고 있다. AI를 경고하는 전문가들도 많다. '테슬라'라는 회사의 창업자 일론 머스크는 영화 〈아이언

맨)의 실제 모델이다. 그는 강연 때마다 인공 지능이 인류의 재앙이
될 것이라고 경고한다.

• •

뉴 노멀 시대에 살아남는 법

'뉴 노멀(New Normal)'이라는 말이 유행이다. '새로운 정상', 즉 과거
의 비정상이 이제는 정상이 되었단 얘기다. 특별한 경우에만 착용하
던 마스크가 이제는 안 쓰면 비정상인 상황이 되었다. 재택근무가
일상이 되었다. 온라인 회의, 온라인 강의가 상식이 되었다. 이처럼
갑작스럽게 비정상이 정상이 되니 뉴 노멀이라고 이름 붙인 것이다.

어쩌면 지금 자녀를 키우는 우리 세대는 가장 행복한 세대일지
모른다. 우리 부모님 세대는 가난했기에 당신의 자녀들만큼은 잘살
게 해주려 노력했다. 부모님들은 당신들이 노력하면 후대가 풍요로
운 삶, 행복한 삶을 살 것이라는 믿음이 있었다. 그 믿음으로 열심히
일했으며 우리도 따랐고 그 덕으로 우리는 선대에 비해 풍요를 누
릴 수 있었다. 하지만 우리도 자녀 세대들에게 그런 믿음을 가질 수
있을까? 우리가 노력하고 자녀들이 노력하면 더 좋은 세상에서 더
자유롭고 더 풍요롭게 살 거라는 믿음과 희망이 있나? 우리 아이들
이 열심히 공부하고 열심히 일하면 우리 세대보다 더 잘살 수 있을
까? 선뜻 대답하기 쉽지 않다.

우리는 내 아이들이 살아갈 세상에 대해서 깜깜하다. 한 치 앞을 못 보니 그저 옛날 다녔던 길을 갈 수밖에 없다. 이미 그 길은 막다른 골목이고 끊어진 길이건만 우리가 할 수 있는 게 없기에 똑같은 길을 가고 있는 것이다. '그렇다고 공부를 안 시키면 뭘 하란 말인가? 대학이 소용없다 해도 다른 대안이 없지 않나? 어찌 될지 모르니 할 수 있는 거라도 해야 하는 것 아닌가?' 이런 뿌리 깊은 관념에서 벗어나기 힘들다. 세상은 혁명적으로 변하고 있는데 자녀의 미래에 대한 우리의 준비는 과거의 경험에서 한 발짝도 벗어나지 못한다. 조선 시대부터 500년 넘게 이어온 '공부=출세'의 유전자에 고스란히 묶여 있다. 쉽지 않지만 이런 고정 관념, 공식에서 빠져나와야 한다. 대학, 직장, 월급, 집, 안정… 이런 단어에서 벗어나야 한다.

세상이 어떻게 변할지 모른다. 과학의 발달이 인류에게 해가 될지 득이 될지도 모를 정도로 혼란스러운 상황이다. 미래학자들의 예측에 따르면 10년 뒤에는 기존 직업의 60퍼센트는 사라지고 프리랜서 직업을 갖는 사람들이 근로자의 반이 넘을 것이며, 평생직장 개념은 사라지고 한 사람이 최소 5~10회 정도로 직장이나 직업을 바꾸게 될 것이라고 한다. '좋은 대학 나와서 좋은 직장에 취직한다'라는 명제는 곧 사라진다고 한다. 어제 인기 있던 직업이 하루아침에 없어지고 오늘 번창하던 회사가 내일이면 몰락한다. 이제 '안정된 직장' '안정된 수입' '안정된 가정' '안정된 사회'의 개념이 무너지고 있다.

이런 시대에 우리 아이들은 어떻게 살고 있나. 서너 살에 영어와 수학 공부를 시작하고, 이 학습지 저 학원 뱅뱅 돈다. 아침 8시부터 밤 10시까지 좁은 교실에 감금당하다가 밤 12시까지 학원 수업받고, 스트레스에 손톱 물어뜯고 피부병 생기고, 대학 입시 서열인 '서연고 서성한중경외시 인서울'에 목매단다. 대학 입학한 기쁨도 잠시, 취직 스펙 7종 세트에 헉헉대고, 취직해도 결혼하기 힘들고 여차하면 은둔형 외톨이 신세다. 드론과 로봇이 하늘을 날며 전쟁을 준비하는 시대에 우리는 아직도 과거 시험 준비하듯 아등바등한다.

우리가 정신 차려야 한다. 우리가 살아온 세상과 아이들이 살아갈 세상은 완전히 다른 세상이다. 내 아이 앞에 놓인 인생은 황무지에 서 있는 서부 개척자, 화성에 정착하려 발 내딛은 우주인의 모습과 같다고 생각해야 한다. 우리 아이들이 만날 세상은 미지의 세계다. 거듭되는 뉴 노멀의 세상이 될 것이다. 정해져 있는 것이 없고 언제든 변하고 새로 만들어지는 세상이다. 거기에 적응해야 한다. 수시로 변하는 세상에 잘 적응하는 힘이 바로 자발성이다.

그 시대에 누가 살아남을까? 평균과 정상의 삶으로 들어가기 위해 어려서부터 공부에 낑낑대는 아이들이 살아남을까? 산과 들과 바다와 하늘을 마음껏 날아다니는 자발성 넘치는 아이들이 살아남을까? 자기만의 고유한 색을 지닌 인간, 어디로 어떻게 튈지 모르는 인간, 평균에서 탈출하는 인간, 자발성이 충만한 인간, 인간다움으로 아름다운 인간, 자기만의 독특한 세계를 창조할 수 있는 인간, 그런 인간만이 살아남을 것이다.

• •
안전함 말고 회복 탄력성을 주자

고등학교 2학년 학생과 상담한 적이 있다. 전교 5등 안에 드는 여학생이다. 그 학생이 이런 말을 했다. "저는 엄마가 원하는 명문대 들어가서 1학기 내내 열심히 놀고 그다음엔 한강 갈 거예요." "왜?" "원하는 거 해줬잖아요. 그리고 더 이상 할 게 없잖아요." 농담이라 해도 섬뜩했다.

내가 만난 평범한 대학생들이 이렇게 말한다. "낙이 없어요. 왜 사는지 모르겠어요." 답해줄 말이 마땅치 않다. 뭘 위해서 살아야 하지? 뭘 하고 살라고 하지? 대학 이름 얻으려고 애쓰고 또 직장 이름 얻으려 쩔쩔매는 아이들에게 뭐라고 하지? 그것 말고 무슨 인생의 목표를 가질 수 있을까? 그래야 결혼하고 잘산다고? 이런 재미없고 의미 없는 인생을 자기 아이에게 넘겨주고 싶을까?

자기 삶을 살아보지 못한 아이들이라 재미와 의미를 찾는 능력이 부족하다. 엔도르핀이 나오는 삶을 살아봐야 스스로 엔도르핀을 내는 일을 만들 수 있는데 하기 싫은 일만 하다 보니 엔도르핀을 내는 능력이 약해졌다. 그들 몸속에 엔도르핀이 말라버렸다.

우리가 그렇게 만들었다. 수동성에 길들이고 부모가 인생의 목표를 정해주고 재미와 의미를 대신 찾아주었다. 부모가 정해준 길은 안전하고 효율적인 길이니 실패나 좌절을 겪을 기회도 없다. 그러다가 단 한 번의 실패, 사소한 좌절에도 아이는 일어나기 힘들어한다. 아니 일어나려고 하지 않는다. 일어나봤자 또 뻔한 인생이니까.

회복 탄력성이라는 용어가 있다. 시련과 실패를 딛고 다시 일어서는 힘이다. 세상에 어찌 실패와 고통이 없을까. 그 좌절 속에서도 다시 일어나는 건 당연한 삶의 과정이다. 인간의 핵심 에너지인 회복 탄력성은 자발성의 다른 이름일 뿐이다. 시련과 역경에서 나오는 자발성이 바로 회복 탄력성이다. 생명력이다. 자발성이 충만한 아이는 고꾸라져도, 바닥을 기고 있어도 어느 순간에 새로운 인생으로 역전시킬 수 있다.

혁명적으로 변화하는 시대다. 엄마도 변화해야 한다. 미래를 준비하는 엄마가 되어야 한다. 내 아이에게 '안전한 삶'을 주고 싶은가, '새로운 삶'을 주고 싶은가? 아이에게 자발성의 황금을 넣어주자. 엄마가 자녀를 관리해서 공부 성적 올리는 건 아이에게 짝퉁 목걸이나 팔찌를 걸어주는 꼴이다. 지금이야 빛나 보이지만 아이가 진짜 자기 인생 살 때가 되면 별 소용이 없고 유효 기간도 끝난다. 아이의 진짜 인생은 대학 졸업 후부터다. 엄마가 아이의 자발성을 키워주면 그건 아이의 마음 주머니에 황금 덩어리를 넣어주는 것과 같다. 어릴 때야 이 황금이 눈에 안 보이지만 어른이 되면 수십 배, 수백 배의 가치가 된다. 자발성의 황금이 가득한 아이는 무슨 일을 해서라도 자기 삶을 재미와 의미 있게 만들어간다. 이것만 있으면 된다. 공부로 인생 역전은 불가능하지만 자발성이 충만하면 언제든지 인생 역전이 가능하다.

학벌을 주려 하지 말고, 안정적인 삶을 주려 하지 말고, 세상에 맞설 수 있는 힘을 주자. 세상에 도전하는 힘! 세상을 긍정적으로 보는 힘! 실패를 겪고 일어서는 힘! 불행 속에서도 행복을 찾을 수 있는 힘! 어떤 순간에도 마지막 희망을 믿는 힘! 자발성을 주자.

● ●

그냥 놔두기 훈련

자발성을 살려주려면 우선 아이를 믿어야 한다. 믿지 못하니 미리 다 해주고 가르치고 여기저기 손댄다. 못할까 봐, 실수할까 봐, 사고 칠까 봐 그냥 두지 못한다. 하지만 불안해도 믿어야 한다. 그러다가 실패하고 실수하면? 괜찮다. 그게 인생이다.

그리고 아이의 자발적 행동이라고 생각되면 수용하는 훈련을 해야 한다. 아이가 놀러 간다고 하고, 딴짓하거나 엉뚱한 행동을 하고, 새롭게 뭔 일을 꾸밀 때, 꾹 참고 때로 못 본 척하고 놔두는 연습을 해야 한다. 열에 한 번이라도 노력해야 한다. 엄마 마음이 견딜 수 있는 한도까지 지지해주자.

물론 쉽지 않다. 놔두자니 걱정되고 불안하다. 화나고 짜증 난다.

때로 마음이 아프고 눈물도 난다. 그래도 어쩔 수 없다. 엄마니까. 엄마가 되는 순간 나는 아이 때문에 걱정하고 불안해하고 화나고 짜증 나고 마음 아프고 눈물을 흘리리라 결심했으니까. 다만 아이 성적 때문에 불안하고 화내고 마음 아프지는 말자. 그건 엄마의 숙명이 아니다. 그런 건 불안해하지 않아도, 화 안 내도, 마음 아프지 않아도 아무렇지 않은 일이다. 성적에 괜히 힘쓰지 말자. 대신 아이의 자발성을 살려주느라 불안하고 화나고 마음 아파야 한다. 그게 진짜 엄마 노릇 잘하는 거다.

3
—

타이밍의
중요성

•   •

두뇌 발달에 조급해하는 부모들

맘 카페에 올라온 글이다.

> 남편이 여섯 살 아들에게 시계 보는 법을 가르쳐준다고 난리네요.
> 남편이 열심히 가르치고 "알았지?" 하고 물어보면 아들이 "응, 알
> 았어" 하고 대답하지만 다음 날 남편이 퇴근해서 물어보면 또 몰라
> 요. 남편은 어제 가르쳤는데 모른다고 짜증입니다. 때 되면 알 거니
> 까 그러지 말라고 해도 말을 안 들어요. 이런 남편을 어쩌나요?

그러게 때 되면 알게 될 텐데 왜 그리 시계 보는 법을 가르친다

고 고생할까. 이 얘기를 꺼낸 건 '시간'에 대해 이야기하고 싶어서다. 문제는 '타이밍'이다. 돌 때 아장아장 걷고 뛰는 아이도 있지만 혼자 일어서지 못하는 아이도 있다. 잘 서지도 못하는 아이에게 억지로 걸음마 연습시키는 부모는 없다. 때가 되면 알아서 걸으려니 하고 기다리다가 때가 오면 아이에게 맞춰 걸음마 연습을 시킨다. 거기까지는 지혜롭게 잘한다.

그런데 아이의 '인지 기능'에 대해서는 태도가 완전히 다르다. 몸의 타이밍처럼 머리의 타이밍도 있는데, 아이의 몸짓에는 적절하게 잘 반응하면서 아이의 머리 발달에는 조급해한다. 걸음마는 빠를 수도 느릴 수도 있다고 이해하면서 말하기, 글 읽기, 시간 보기, 숫자 알기 등은 또래 아이들보다 조금만 늦어도 안절부절못하고 애를 쓴다.

· ·

발달 단계라는 틀

생후 20개월 정도면 두세 단어로 말할 수 있어야 한다는데 우리 애는 '맘마, 아빠' 정도만 겨우 해요. 언어 발달이 느려요. 어떤 교육을 해야 하나요?

평범한 엄마의 평범한 걱정이니 뭐라 할 수 없다. 그런데 이 엄마의 무의식에는 자기 아이를 평균에 집어넣으려는 틀이 있다. 자녀의 발달 단계에 따라 육아 방법론을 설명하는 책들이 많다. 모르는 게 약인데 발달 단계를 강조하는 책을 보면 엄마가 불안해진다.

발달 단계라는 그럴듯한 이론에 걸리면 안 된다. 발달 단계란 '그 시기에는 대충 그렇더라' 하는 뜻이다. 진실도 진리도 아니다. 말하자면 '평균 숫자' 놀이다. 발달 단계 이론에 얽매이면 어떻게 되는가. 한창 성장 중인 아이를 월 단위로 쪼개서 분석, 관찰하고 '정상과 비정상'으로 구분한다. 그리고 '불안과 걱정' 냄새를 피우면서 아이에게 손을 댄다. 가만히 놔두면 햇살과 비와 바람에 따라 피어날 꽃인데, 늦게 핀다고 난로 때고 선풍기 돌려서 억지로 피우려는 것과 같다.

기준을 어디에 두고 있는가. 남이 기준인가, 내 아이가 기준인가? 내 아이가 세상의 중심이 되어야지, 왜 내 아이를 변방의 엑스트라로 만드나. 우주에 하나밖에 없는 내 아이를 평균적인 발달 단계에 맞추려 들지 말자.

발달 단계는 '타이밍'이라는 단어로 대체해야 한다. 타이밍은 적절한 시기를 뜻한다. 내 아이만이 지닌 독특한 시간표를 말한다. 현명한 부모는 아이를 시간에 맞추지 않고 시간을 아이에게 맞춘다. 남들이 만든 발달표가 중요한가? 내 아이에게서 터져 나오는 자발성, 자생력이 중요한가? 아이의 지금 모습이 정답이다. 그 모습이 생명력이고 자발성이기 때문이다. 숫자가 정답이 아니고 아이가 정답이다.

내가 아는 간호사가 예전에 들려준 재미있는 경험담이 생각난다. 엄마들은 정말 걱정쟁이다.

첫딸이 두 살 때인가, 동네 소아과에 가서 국가에서 해주는 영유아 건강검진을 받았어요. 그런데 소아과 의사 말이, 우리 딸이 머리 둘레가 평균보다 작은 '소두증'이라면서 나중에 정밀 검사를 한번 해볼 필요도 있다는 거예요. 겁이 덜컥 났어요. 밤새 울고 별생각이 다 들었어요. 내가 이유식을 잘못 먹여서 그런가, 잠을 한쪽으로만 재워서 그런가 하며 자책했죠. 남편은 별걸 다 걱정한다고 안심하라는데 그게 더 속상했어요. 다음 날 좀 더 큰 소아병원을 갔어요. 그 병원 의사한테 정밀 검사 받아야 하느냐고 물으니 의사가 '허허' 웃어요. 그러더니 걱정하지 말래요. 그 시기 아이들은 소두증 많다고, 자기 딸도 소두증이었다고 하면서요. 나중에 다 큰다고 아무 문제 아니라는 거예요. 그 얘기 듣고 안심이 됐지만 한 달 가까이 소두증이 머릿속에 남아 있긴 했어요. 그러곤 잊어버렸지요. 둘째가 아들인데 누나랑 두 살 터울이에요. 아들은 돌 무렵에 영유아 검진을 받았어요. 남편이랑 별생각 없이 또 동네의 그 소아과를 찾아갔는데요, 글쎄 그 의사 말이 이번에는 아들이 '대두증'이래요. 헐! 그런데 옆에 있는 남편을 쳐다봤더니 머리가 크더라고요. 그렇게 큰 줄 몰랐어요. 딸은 내 머리 닮고 아들은 남편 머리 닮은 거였어요.

지금 그 두 아이는 씩씩하게 초등학교 다니고 있다. 부모는 기다리는 힘이 있어야 한다. 타이밍은 엄마와 아이의 몸과 마음의 만남이다. 아이가 언제 소변을 가리고 대변을 가리게 할지 책을 보고 하지 않는다. 그냥 그때그때, 아이 수준에 맞춰 엄마의 마음과 몸이 자연스럽게 반응하는 것이다. 늦든 빠르든 아이에게서 자발적 행위가 나오는 그 순간이 적절한 타이밍이다. 모든 속도를 아이에게 맞추면 된다. '우리 애가 느리네'가 아니라 '다른 애들이 빠르네'가 맞다. '우리 애는 천천히 가는 애니까 괜찮아'가 정답이다. 아이가 불안해하지 않는 이상 엄마가 먼저 불안해하지 말자.

••
짠한 마음의 역설

얼마 전에 자기 아들이 초등학교 3학년인데 '학습 장애' 진단을 받았다며 안심(?)하는 엄마를 봤다. 왜 안심을 했을까?

아들이 학습이 부진하다. 다른 건 그럭저럭 하는데 산수를 또래에 비해 많이 못했다. 엄마가 붙들고 아무리 공부시켜도 소용없었다. 야단치고 때리기도 했다. 그래도 안 되자 엄마는 이런 생각이 들었다. '얘가 다른 문제가 있어서 산수를 못하는 게 아닐까?' 심리 검사를 받았다. 예상대로 지능의 문제는 아니었다. 더 확실한 진단을 받기 위해 학습 전문 상담소에 가서 학습 능력 검사를 받았다. 그 상담소에서 아들이 '학습 장애'일 가능성이 높다고 말했다. 엄마는 그 말을 듣는 순간 난감하기는 했지만 한편으로 마음이 편해졌다. 이런 생각이 들었다. '그래서 아이가 따라오질 못했구나. 아이고, 짠한 것⋯. 그것도 모르고 내가 너무 몰아붙였나 보다. 이제 아이 학습 장애 치료에 전념해야지.'

산수 공부 못하는 아이가 '학습 장애' 아이가 되었다. 공부 못한다고 닦달하던 엄마가 이제 장애 아이 치료하는 희생적인 엄마로 변했다. 어느 엄마의 마음이 나을까? 아이러니하게도 후자가 차라리 편하다. 공부 못한다고 구박하는 독한 엄마보다 짠한 사랑 주면서 돌봐주는 애틋한 엄마가 더 엄마답기 때문이다. 공부 못하는 아이를 사랑하는 것보다 아픈 아이 사랑하는 게 더 쉽기 때문이다. 엄마가 아이의 기질, 타이밍, 소질을 보지 못하니 한순간에 아이가 장애아로 둔갑했다.

● ●

학습 장애, 이렇게 생각한다

다음은 학습 장애에 대한 의학적인 설명이다.

유치원이나 학교에서 학습을 잘 따라가지 못하거나 어려워하면 학습 장애를 의심해볼 필요가 있다. 정신지체나 다른 원인이 없음에도 간단한 셈을 어려워하거나 읽기, 쓰기가 또래보다 1년 정도 뒤처질 경우 학습 장애 가능성이 있다. 학습 장애는 조기 치료가 필요하다.

그럴듯하다. 하지만 학습 장애는 논란이 많은 장애이며 진단 내리기도 무척 어렵다. 학습 부진과 학습 장애를 구분하기는 거의 불가능하다. 읽기, 쓰기, 산수 능력이 또래보다 '1년 정도' 늦으면 진단 내릴 수 있다는데 대개 열 명 중 한 명꼴이다. 진단 자체가 코에 걸면 코걸이, 귀에 걸면 귀걸이 식이다. 원인도 밝혀져 있지 않다. 그저 '뇌의 문제, 중추신경의 문제'로 보인다며 겁줄 뿐이다. 조기 치료 안 하면 문제가 심각하다고 하면서도 뾰족한 치료법도 없다. 그저 아이들 뇌 발달시키고 주의력 향상시킨다고 놀이 치료, 모래 치료, 미술 치료 등을 한다. 이 3대 치료는 아동 심리 치료에서 어떤 진단이든 상관없이 거의 공통으로 하는 것들이다. 그리고 개인 학습 지도하는 게 전부다. 제일 중요한 치료는 부모의 사랑이란다. 아이를 신뢰하고 정서적으로 안정시켜주는 게 제일 중요하다고 한다. 아이를 장애로 만들고 사랑하란다.

한번 생각해보자. 공부 좀 부진한 아이에게 '학습 장애' 진단을 내려서 득이 될 게 무엇인지. 조기 치료 안 하면 어찌어찌 된다고 엄청 겁주면서 원인도 모르고 치료법도 딱히 없다는데 이게 뭔 소리인가! 이게 과학인가. 환자를 위해 진단을 내리고 치료를 하는 게 아니라 치료를 위해 진단을 내리고 환자를 만드는 격이다. 혹 진짜 학습 장애가 있을 수 있겠다. 지적 장애가 없음에도 알 수 없는 뇌의 장애로 인해 학습이 힘든 아이들도 있을 것이다. 그렇다고 굳이 학습 장애 진단을 붙이는 것이 이득일까, 치료법도 없는데? 그 장애 딱지를 붙이는 순간 엄마 색안경은 '장애아' 색안경으로 바뀌고 엄마 냄새는 '불쌍한' '불량품' '앞날이 걱정되는' '혼자 살기 힘든'과 같은 불안과 걱정의 냄새를 풍길 것이다. 엄마는 아이 짠하게 보고 아이는 엄마 눈치 보고 주눅 들고….

차라리 엄마가 '학습'을 머릿속에서 빼버리면 어떨까? 학습이 치료의 대상인지 생각해볼 필요가 있다. 아이가 달리기 꼴찌 한다고 '달리기 장애'라고 치료하러 다니나? 학습 장애를 고쳐서 어느 정도까지 나아지게 하려는 걸까? 서울에 있는 대학 들어갈 정도는 되게 하려는 건가? 엄마가 학습을 버리고 학습에 손을 안 대면 아이는 당장 행복해질 것이다. 당장 멀쩡해지고 건강한 아이가 될 것이다. 잘 놀고 잘 웃고 잘 먹고 잘 살고…. 엄마도 사랑의 눈빛을 담뿍 보내며 아이를 있는 그대로 아껴줄 테고, 아이도 엄마에게 사랑의 눈빛을 가득 보낼 텐데….

이런 고민도 있다. 맘 카페에 올라온 질문이다.

다섯 살 아들이 말을 더듬어요. 언어 치료가 필요할까요?

다섯 살 때 말을 더듬는 것은 보통 있는 일이다. 내 아들은 유치원 때부터 초등 3학년 때까지 말을 적잖이 더듬었다. 조금 신경이 쓰였지만 그냥 두었다. 두 살 위 누나가 툭하면 "야! 말 더듬지 마!" 하고 구박할 정도였다. 그래도 나는 때 되면 좋아지려니 하고 신경 안 썼다. 그러다 5학년으로 올라가면서 말을 술술 잘하게 되었다. 오히려 너무 쓸데없는 말을 많이 한다고 누나에게 구박받을 정도였다. 만약에 언어 치료라도 받게 했으면 더 문제가 되지 않았을까 생각한다.

말이 술술 나오려면 말할 때 아무 생각이 없어야 한다. 자기가 하는 말에 신경 쓰면 말은 더 안 나온다. '더듬으면 안 돼. 틀리면 안 돼' 하는 자의식이 들어가는 순간 말이 막혀버리고 더듬는다. 부모가 "더듬지 마라. 또박또박 말해라" 하면서 늘 주의를 주고 교정하면 역효과가 날 수 있다.

● ●

말 더듬는 사람들의 드라마

15년 전의 일이다. 말더듬 때문에 고민하는 대학생들이 인터넷에 관련 카페를 만들어 말하기 연습을 하고 고민도 나누고 있었다. 내가 그 카페 회원들하고 우연히 연결이 되어 격주로 토요일 오후에 만나 재능 기부 식으로 사이코드라마를 하게 되었다. 대부분의 회원들이 말할 때 얼굴 근육이 일그러질 정도로 말더듬이 심했다. 그들은 열등감이 심했고 자존감이 상당히 떨어져 있었다. 말더듬을 감추려고 꼭 필요한 말만 하고 말하기 전에도 연습을 반복했다. 말더듬이 노출되면 수치심에 죽어버리고 싶다고까지 말하는 학생들이었다.

처음에 내가 사이코드라마를 하자고 했을 때 이들은 엄청나게 반대했다. 정신과 의사인 내게 바라는 건 상담과 말하기 연습 정도였을 뿐이다. 말하기가 두려운 이 친구들에게 무대 위에 올라 관객 앞에서 준비 없이 말을 하라는 건 죽으라는 소리나 마찬가지였다. 나는 그들을 설득했다. "몇 년 동안 연습을 해도 별 소용이 없었지 않나. 나도 장담은 할 수 없지만 사이코드라마 한 번이 말하기 연습 백 번보다 더 효과적일 것이다" 하고. 그 학생들은 의논 끝에 용기를 내서 한번 해보기로 했다. 하기로 한 중요한 이유는 참가자들이 모두 말 더듬는 친구들이니 서로 창피할 것 없다고 생각해서였다.

첫 사이코드라마를 하는 날이었다. 긴장과 호기심이 섞인 분위기였다. 용기 있는 학생 한 명이 주인공을 자청했다. 다른 회원들이 "와~" 하면서 박수를 쳤다. 그렇게 드라마가 진행되었다. 주인공은 말을 더듬으면서도 열심히 드라마에 몰입했다. 드라마 진행 중에 선택된 보조자들도 즉흥으로 참여했다. 보조자는 쉽게 말하면 조연이나 엑스트라인데 관객 중에서 뽑힌 사람이 맡는다. 아빠 역할이 필요하면 주인공이 관객 중 한 사람을 택해 그 사람이 아빠 역할을 하는 것이다.

그날 참여한 주인공과 보조자들은 말을 더듬기도 하고 때로는 유창하게도 했으며 때로는 유머러스한 애드리브까지 쳤다. 다들 몰입해서 열심히 했다. 그렇게 첫 드라마가 끝났다. 드라마가 끝나고 다들 놀라고 신기해했다. 평소에는 말 한번 하려면 며칠을 고민하고 준비하고 예행연습하고, 그러고도 얼굴까지 경직되며 떨었는데 말이다. 그런데 드라마를 하면서 말이 술술 나오니 참 신기한 경험이었다고 좋아했다.

첫 드라마 이후로 카페 회원들과 3년 동안을 매달 격주 토요일에 만나서 드라마를 했다. 시작할 때는 못 하겠다고 빼던 회원들이 막상 드라마가 진행되면 다른 사람으로 변했다. 대부분이 말도 안 더듬고 잘했다. 말을 더듬더라도 드라마에 몰입해서 자기 할 말을 다 했다. 게다가 숨어 있던 유머 본능과 끼가 애드리브를 통해 나왔다. 그러면서 말하기에 자신감이 생겼다. 우선 말을 더듬어도 끝까지 할 수 있는 힘이 생겼다. '더듬어도 머뭇거리지 말고 끝까지 하자. 더듬는 나를 보여주자.' 이것이 그 친구들의 첫 번째 자신감이었다.

나 역시 놀랐다. 사이코드라마가 말더듬에 어떤 효과가 있을지 생각해본 적도 없었다. 그저 내면에 상처가 많은 회원들의 마음을 풀어주는 게 우선이라고 생각했을 뿐, 말더듬 치료를 하겠다는 의도는 없었다. 그런데 갈수록 말더듬 증상이 줄어들었다.

어느 날 했던 드라마 한 장면이 기억난다. 입사 면접 상황을 역할 훈련처럼 해본 날이었다. 이 친구들은 취직이 제일 큰 문제였고 특히 면접에 대한 두려움이 상상을 초월했다. 시험을 잘 봐도 면접에서 떨어질 거라며 걱정이 많았다. 실제로 한 회원이 공사 필기시험에 합격해서 며칠 뒤 면접을 보게 되었다. 면접 상황을 예행연습하듯 드라마로 연출해보았다. 면접시험을 앞둔 친구가 주인공을 맡고 나머지는 면접관 역할을 했다. 면접관이 본인의 장점을 이야기해보라고 했다. 주인공은 "성실하고 남을 위해 희생하고…" 등등 외운 내용을 말하면서 말더듬을 숨기려고 진땀을 흘렸다. 긴장하니 말을 더 더듬게 되었다. 면접관이 더 날카로운 질문을 했다. 주인공은 사색이 되어 얼굴까지 찡그리면서 말을 더듬었다.

예행연습이 끝나고 침묵이 흘렀다. 이래서는 안 되겠다는 분위기가 팽팽했다. 곧 피드백이 오고 갔다. 너무 긴장한다, 말 더듬는 것에 신경 쓰는 티가 많이 난다 등의 의견이 나왔다. 그들의 토론은 말더듬을 어떻게 커버할지가 주된 내용이었다. 그러다 한 회원이 말했다. "우리 그러지 말자. 말더듬을 숨기려 하지 말자. 그러니 더 안 된다. 오히려 말더듬을 장점으로 승화시키자. 그렇게 역전시켜보자." 새로운 시각이었다. 회원들은 그 말에 동의하고 말더듬의 장점을 찾아서 내용을 정리했다. 그다음 다시 무대에 올랐다.

면접관이 물었다. "본인의 장점을 얘기해보세요." 그 친구는 떨리는 목소리로, 하지만 당당하게 말했다. "저, 저는 거짓말을 못 합니다. 보, 보, 보시다시피 저, 저는 말을 더듬습니다. 말 한마디 하려면 주, 준비도 많이 하고 무, 무척 힘듭니다. 그래서 저, 저는 거짓말을 할 수가 없습니다. 그, 그리고 변명도 못 합니다. 변명을 하느니 일, 일을 완벽하게 해버리는 게 낫습니다. 저, 저는 핑계를 대지도 못하고 따지고 들지도 않습니다. 저는 말로 하기보다 몸으로 먼저 합니다. 제, 제가 잘하는 건 말보다 행동이기 때문입니다." 그러고는 눈물을 주르륵 흘리며 마음속에 있는 진짜 자기 이야기를 했다. "그, 그리고 저는 푸른 하늘을 사랑하고, 산을 좋아하고, 사, 사람들을 사랑하고…." 더듬거리면서도 자신을 당당하게 있는 그대로 내보였다. 꿋꿋하게 말을 이어가는 친구를 보면서 회원들도 모두 눈물을 흘렸다.

그 친구는 며칠 뒤 면접시험을 치르고 마침내 공사에 합격했다. 그 당시 사이코드라마에 열심히 참가했던 카페 회원이 열 명 정도 있었는데 그중 다섯 명이 공사와 공무원에 합격했다. 세 명은 결혼해서 엄마가 되었고 나머지도 자기 일 잘하면서 살고 있다.

● ●

있는 그대로, 경계를 넘어

그 카페 회원들 중에 초등학교 이전부터 말을 더듬은 사람은 없었다. 대부분 초등학교나 중학교 때 우연히 시작되었다고 한다. 반에서 발표를 하다가, 또는 일어나서 책을 읽다가 말문이 막혀버렸거나 심하게 떨어서 제대로 마치지 못한 경험이 있었다. 그때부터 말을 잘해야 한다는 강박 관념이 들면서 말할 때마다 의식을 하니 부자연스러워졌다. 그 친구들과 이야기하고 사이코드라마를 하면서 나는 선천적인 언어 장애가 아닌 이상 아이가 말을 더듬는다고 언어 치료를 받으면 더 문제가 생길 거라는 확신을 갖게 되었다. 그래서 아들이 거의 일 년 이상 말을 더듬었을 때도 별다른 조치 없이 그냥 두었다.

그 친구들은 나와 3년 동안 사이코드라마를 하면서 대부분 말을 더듬는 증상이 현저하게 줄어들었고 더듬더라도 자기 할 말을 다 하는 용기와 자연스러움이 생겼다. 그래서 나중에는 말을 더듬지 않는 사람들까지 참여해서 드라마를 진행했다. 그들은 다른 사람들과 함께 드라마를 한다니 처음에 약간 겁을 냈지만 막상 현장에서는 아무 문제가 되지 않았다. 서로 구분이 안 갈 정도로 자연스럽게 드라마 판이 벌어졌다. 이미 그들은 성장해 있었다.

나는 이 경험을 그냥 날려 보내기 아까워서 논문 한 편을 썼다. 그 회원들과 심층 인터뷰를 하고 그들이 성장할 수 있었던 원인을 찾아보았다. 그 결과 다음과 같이 크게 세 가지로 정리할 수 있었다.

첫째는 자발성이다. 자기가 하고 싶은 대로 해본 것이 큰 도움이 되었다. 드라마에서 있는 그대로의 '나'를 내보였다. 좀 못하더라도, 틀려도, 일탈해도, 욕이 나와도 자유롭게 표현했다. 스스로 막고 있던 것을 풀어버린 것이다. 그랬더니 내 안에 숨어 있던 생명력 넘치는 새로운 내가 나왔다.

둘째는 '정상과 비정상'의 경계가 확장된 것이다. 사이코드라마 철학의 하나가 '정상증'이다. 즉 정상을 비정상으로 보고 비정상을 정상으로 보는 것이다. 어느 날 드라마를 할 때, 말 더듬는 것이 정상이고 말 안 더듬는 것이 비정상인 사회를 가정해서 역할 놀이를 했다. 그러면서 그들은 자신들이 비정상이 아니며 또 하나의 정상일 뿐임을 경험했다. 그리고 회원이 아닌 사람들과 드라마를 하면서 말 더듬지 않는 그들에게 자신들보다 더 심한 고통과 상처가 있음을 발견하고는 말더듬도 수많은 핸디캡의 하나라고 받아들이게 되었다.

세 번째 중요한 요인은 '만남'이다. 이 친구들은 사이코드라마를 만났고 또 드라마를 하면서 새로운 사람들을 만났다. 새로운 세계와의 만남이다. 그 만남을 통해 새로운 경험을 했다. 드라마에서 자기 하고 싶은 대로 해도 되고 실수해도 되고 말을 마구 더듬어도 되었다. 자기가 말더듬이라고 커밍아웃을 하면 깔볼 줄 알았는데 정작 남들은 별로 신경도 안 쓸뿐더러 말을 더듬는 줄 전혀 몰랐다고도 했다. 오히려 '어쩜 그렇게 용기 있게 드라마를 잘하느냐'는, 대단하다는 칭찬을 들었다. 그 모든 게 신기한 경험이었다. 나를 새롭게 만났고 사람들을, 세상을 새롭게 만났다. 그 새로운 만남이 변화를 일으켰다.

이런 놀라운 변화를 가져오는 요인을 심리학에서 놓칠 리가 있나. 그래서 나온 유명한 심리 용어가 있다. '교정적 감정 경험(corrective emotional experience)'이다. 쉽게 풀어쓰면 '만남을 통한 새로운 감정 경험'이다.

• •
교정적 감정 경험

초등학교 6학년 여자아이가 있다. 형제자매가 많은 집인 데다 공부를 잘하는 편도 아니고 성격도 얌전해서 존재감이 별로 없다. 심부름할 때 빠릿빠릿하지 못하다고 야단을 많이 맞았다. 학교에서도 아이는 교실 한구석에서 그림만 그렸다. '나를 좋아하는 사람이 없어. 난 잘하는 것도 없어' 이런 마음이다. 그런데 어느 날 담임선생님이 보고는 "어유~ ○○이가 그림을 잘 그리네. 나는 ○○이 그림을 보면 기분이 좋아" 하고 칭찬을 한다. 덧붙여 "넌 애가 참 괜찮은 거 같아. 그림 솜씨도 있고"라는 말도 한다. 아이는 자기를 칭찬해주는 사람을 처음 만났다. '어, 나를 칭찬해주는 사람이 있네? 난 형편없는 애인데…' 새로운 경험이다. '내가 괜찮은 애야? 내가 그림을 잘 그려? 설마…' 하고 의심했다. 그 뒤로도 선생님은 종종 아이를 칭찬하고 인정해주었다. 아이는 변했고 나중에 유명한 화가가 되었다. 좋은 선생님을 만나서 인생 바뀌었다는 사람들 얘기 중 하나다. 칭찬하고 인정해주는 선생님을 통해 자신을 다시 만나게 된 것이다.

이처럼 새로운 만남을 통해 자기와 세상에 대한 부정적 감정이 긍정적 감정으로 바뀌는 것을 '교정적 감정 경험'이라고 한다.

3세 이전이 중요하다고 한다. 말할 것도 없다. 7세 이전의 경험도 중요하다고 한다. 역시 그렇다. 초등학교 때 경험도 중요하다고 한다. 물론이다. 어릴수록 아이들의 마음과 뇌가 백지 상태라 영향을 많이 받기 때문이다. 하지만 명심할 것이 있다. 영향을 많이 받지만 결정적인 것은 아니다. 살아보지도 않은 내 인생이 7세 이전에 결정 난다고? 우리 인생이 심리학 쪼가리인가! 인생은 어느 시기에 결정되는 것이 아니다. 인생은 지금 이 순간에 새롭게 결정된다. 그게 인생의 맛이고 멋이다. 과거를 묻지 마라. 지금 여기서 다시 시작하면 새로운 인생이 시작된다. 언제든 변하고 엎어지고 뒤집어지고 새로워질 수 있는 게 나의 인생이다.

『엄마 심리 수업』을 읽은 어느 엄마가 물었다.

제가 아이에게 나쁜 냄새를 준 것 같아요. 아이에게 '넌 왜 그것도 못하냐'는 투로 얘기를 많이 했거든요. 선생님 책을 읽고 내 아이가 양에 안 찬다는 마음을 내려놓기 시작했어요. 그랬더니 아이가 정말 좋게 보이더라고요. 그런데 걱정이 있어요. 그동안 내가 했던 행동으로 아이에게 나쁜 영향을 줬을 텐데, 그걸 어떻게 씻어낼 수 없나요? 나쁜 냄새가 밴 아이 몸에서 그 냄새를 어떻게 정화시킬 수 없나요?

이렇게 말씀드렸다.

걱정 안 하셔도 됩니다. 지금부터 내 아이를 있는 그대로 좋게 보는 안경을 끼고 믿음의 냄새 풍기면 됩니다. 엄마가 변하기 시작하면 아이는 정화되는 겁니다. 사람은 언제든지 변합니다. 한 번 고정되었다고, 몇 번 경험했다고 그걸로 인생이 꼼짝없이 결정되는 게 아닙니다. 그리고 불량 냄새 풍기는 엄마였을 때도 당연히 그 밑바닥에는 사랑이 있었잖아요. 그러니 치명적이지 않습니다. 엄마가 변하지 않고 계속 불량 색안경 끼고 못마땅 냄새 풍길 때 문제가 되는 거지요. 중요한 건 지금입니다. 엄마가 지금부터 아이를 있는 그대로 믿어주고 사랑해주려고 노력하면 아이도 변합니다. 엄마의 변화로 아이는 정화됩니다. 또 아이의 인생에는 소중한 만남이 기다리고 있습니다. 어디서 누군가와의 좋은 만남으로 아이는 새로 태어납니다. 그래서 인생은 계속 살 만한 것입니다. 과거를 돌아보지 마세요. 지금이 시작입니다. 그리고 이렇게 믿으면 됩니다. '혹 그동안 문제가 있었더라도 엄마가 변하고 있으니 괜찮아. 그리고 내 아이는 좋은 만남으로 멋있게 성장할 거야.' 엄마가 그렇게 믿으면 아이는 그렇게 됩니다.

• •

줄탁동시, 변화를 만드는 힘

'타이밍'과 통하는 말로 줄탁동시(啐啄同時)라는 것이 있다. 병아리가 알에서 깨어 나오기 위해서는 안에서 부리로 껍데기 안쪽을 쪼는('줄') 동시에 어미 닭이 밖에서 알을 쪼아주어야('탁') 한다는 뜻이다. 바꿔 말하면 아이의 자발성이 '줄'이고 엄마의 기회 제공이 '탁'이다. 보통 엄마들도 이 줄탁동시 교육법을 잘하고 있다. 그런데 때로 '줄'을 무시하고 엄마의 힘인 '탁'만 쓰는 경우가 많다. 엄마가 밖에서 쪼아대는 '탁'을 심하게 하면 때아니게 알이 '탁!' 깨지고 만다.

줄탁동시는 때와 인연이 중요하다. 아이의 숨은 힘을 깨우는 결정적인 순간은 부모가 아니라 다른 곳에서 온다. 인생에서 '탁'은 엄마만 하는 게 아니다. 친구, 선생님, 아니면 우연한 만남, 우연한 사건이 만든다.

엄마가 중학생 아들한테 반장 선거에 나가라고 아무리 등 떠밀어도 아이는 꿈쩍 안 한다. 자발적인 동기가 없기 때문이다. 그러던 어느 날 친구가 "너 반장 선거 나가봐라. 너 잘할 것 같아. 한번 해봐" 하고 말한다. 그제야 반장이라는 단어가 '탁!' 가슴에 들어온다. '어? 내가 반장을 해?' 그러면서 고민한다. 아이 안에 준비되었던 힘이 친구의 우연한 권유로 움찔한 거다. 이것이 시작이다. 이번에 반장을 나가든 안 나가든 상관없다. 이미 자기 안에 반장이라는 새로운 자발성이 꿈틀거리니까. 아이들의 삶은 이렇게 변한다. 중요한 변화의 시작은 엄마가 만드는 게 아니라 때와 인연이 만들어낸다. 엄마가 설득이라는 잔소리로 아이를 밀어대도 아이는 움직이지 않는다. 오히려 엄마의 권유가 심하면 아이는 거부감을 갖고 안에서 자라는 자발적인 힘까지 꺾기 십상이다.

자발적 동기는 어떤 일을 계기로 불쑥 생겨나는 경우도 있다. 마지못해 재수하던 학생이 있었다. 어느 날 그 아이가 부모님과 식당에서 밥을 먹었다. 식당에서 나오면서 아버지가 구두를 신으려고 고개를 숙였는데 아버지의 정수리가 훤한 것을 보고 갑자기 측은한 마음이 들었다. 말단 공무원으로 살아온 아버지, 공부하라고 야단 한번 안 친 아버지가 고맙고 불쌍했다. 그 순간 갑자기 '공부하자!' 하는 마음이 들었다. 그때부터 열심히 공부해서 명문대에 갔다. 내가 직접 들은 얘기다.

예기치 않은 순간에 꽃은 핀다. 지금이 아니더라도 나중에 어떤 인연으로, 어떤 계기로 형질 발현이 시작될지 아무도 모른다. 엄마는 그걸 믿어야 한다. 내 아이는 언젠가는 꽃피리라. 그러면 꽃핀다. 엄마가 쪼아대서 달걀 깨지 말자. 지혜로운 엄마는 아이의 자발성, '줄'을 볼 줄 안다. 때가 아니면 기다려준다. 기다린다는 것은 믿는다는 것이다. 타이밍과 밀접한 단어가 믿음이다. 믿어주면 그 아이는 언제고 자신의 꽃을 피울 것이다.

● ●

엄마가 진짜로 믿어야 할 것

엄마는 뭘 믿어야 할까? 아이가 공부 못하는데 공부 잘할 거라고 믿어야 할까? 백날 믿어봐야 공부 잘할 리 없다. 우리 아이 지금은 소심하지만 나중에는 당당해지리라 믿을까? 열심히 믿어봤자 당당해지지 않는다. 엄마의 믿음은 단순한 바람이 아니다. 로또 당첨 같은 우연이나 실현 가능성 없는 헛된 걸 믿는 게 아니다. 근거가 있는 믿음이어야 한다.

엄마는 이걸 믿어야 한다. '우리 아이는 재미있고 의미 있는 삶을 살 것이다. 어떤 고난이 와도 행복하게 살 것이다. 사람들에게 사랑받으며 살 것이다. 자기 능력 발휘하면서 대접받고 살 것이다.' 이것은 근거가 있는 믿음인가? 그렇다. 근거 있는 믿음이다. 내가 아이의 자발성을 살려주므로 아이는 재미있고 의미 있는 삶을 살 것이다. 고난을 겪어도 그 자발성과 생명력으로 극복해나갈 것이다. 내가 아이를 있는 그대로 믿고 사랑해주니 아이가 만나는 사람도 나처럼 아이를 있는 그대로 믿고 사랑할 가능성이 높다. 아이가 혹 핸디캡이 있어도 엄마가 그 모습을 완전체로 받아주고 최고로 대접했기에 자기 능력 발휘하고 최고의 대접을 받을 가능성이 많은 것이다. 자녀가 세상에서 제일 사랑하는 엄마에게 최고 대접을 받았는데 뭐가 문제인가? 아이는 언제든지 최고로 대접받을 준비가 되어 있다.

아이의 생명력, 자발성을 누가 주었나? 엄마가 줬다. 사랑받을 수 있는 힘을 누가 주었나? 엄마가 줬다. 최고로 대접받을 힘을 누가 주었나? 엄마가 줬다. 이 모든 걸 엄마인 내가 준 것이다. 내가 주었으니 내가 믿을 수 있다. 이게 진정한 엄마의 믿음이다. 내가 낳은 아이고 내가 그렇게 키운 아이다. 그러니 잘 살 것이라 철석같이 믿는 것이다. 내가 안 믿어주면 누가 내 아이를 믿어주나? 엄마라는 존재는 내 아이를 마지막까지 믿어주는 최후의 일인이다.

5부

대화

자연스럽게,
나답게

문제 있는 조언들

좋은 대화법이 무엇인지 이야기하기 전에 먼저 자녀 교육서에서 말하는 대화법을 짚어볼 필요가 있다. 대다수 자녀 교육서에서는 부모와의 좋은 대화가 아이의 상상력, 창의성, 두뇌, 품성 등을 발달시킨다고 강조하면서 어떻게 말해야 할지 알려준다. 물론 좋은 조언들이 많지만 문제가 될 법한 내용들도 보인다. 문제성 조언으로 대표적인 세 가지를 꼽아보았다.

첫째, '정확하고 구체적으로 말하라'는 조언이다. 자녀에게 이야기할 때 대상을 명확하게 지목하고 행동도 구체적으로 지적하라고 한다. 예를 들어 레고를 갖고 놀고 나서 치우지 않았다면 "치워!"

라고 하지 말고 "레고 잘 정리해!" 해야 한다. "하지 마!" 대신에 "장난감 던지지 마! 장난감 던지면 부서진다" 식으로 말하라는 것이다. 그리고 이유와 결과를 구체적으로 말해주라고 한다. "옷 입어"가 아니라 "할머니 집에 가야 하니까 옷 입어" "네가 옷을 안 입으면 할머니 집에 늦어" 하는 식으로 명확하고 구체적으로 지시해야 아이가 제대로 이해하고 따르며 아이의 문장력도 향상되기 때문이다.

둘째, '감정적으로 대하기보다는 구체적인 사실만을 지적하라'는 조언이다. "야! 게임 하지 마!" 대신에 "너 게임 한 지 두 시간 됐다"라고 사실만 이야기하라는 것이다. 그렇게 하는 이유는 엄마의 감정을 절제할 수 있고 아이에게 자신을 돌아보게 하기 때문이다.

셋째, '말에 살을 붙여주라'는 조언이다. 말 많은 엄마가 말 잘하는 아이를 만든다면서 이른바 수다쟁이 엄마 되기를 권한다. 아이가 하는 말에 살을 붙여주라고 한다. 문장을 길게 하면 아이의 언어력에 도움이 되기 때문이다. 아이가 "큰 차 온다"라고 말하면 엄마가 "응. 저기 많은 물건 실어 나르는 트럭이 오는구나" 해야 한다. "마트에 가자" 대신에 "마트에 가서 내일 먹을 반찬도 사고 또 좋은 과일이 있는지 찾아보자"라고 말하라고 한다. 그리고 어휘력이 늘게끔 형용사를 많이 쓰고 수식어를 붙이는 게 좋다고 한다. "신발 신자"가 아니라 "예쁜 신발 신자" 하는 식으로 말이다.

대화는 자연스러워야 한다

이런 조언들이 왜 문제가 될까? 그런 대화 방식은 자연스럽지 않기 때문이다. 다소 억지스러운 대화다. 예를 들어 단어와 행동을 구체적으로 말하려면 말할 때마다 신경을 써야 한다. 그렇게 신경 써서 말하려고 하면 얼마나 힘들고 불편한가? 엄마들은 대개 단어 하나로 끝낸다. "야!" "너~" "빨리!" 이러면 아이가 엄마가 뭘 말하는지 알아듣는다. 그게 정상적인 대화법이고 효율적인 대화법 아닐까. 그렇게 자연스럽게 말하던 엄마가 갑자기 아이 교육한다고 "네가 레고를 안 치우고 놔두면 거실이 어질러져서 정신이 사나우니, 가지고 놀던 레고를 장난감 방에 갖다 둬!"라고 해야 하나. 참 번거롭고 괴로운 일이다.

말은 우선 자연스러워야 한다. 이런 부자연스러운 대화법은 오히려 자녀의 상상력과 창의력을 파괴할 수 있다.

자, 네 살짜리가 말했다. "저기 큰 차 온다." 엄마가 살을 붙였다. "저기 물건 많이 실어 나르는 트럭 오네." 뭐가 문제일까? 아이의 큰 차는 미지의 세계다. 아이의 큰 차는 엄마의 트럭이 아니다. 그 안에 괴물이 들어 있을지 동물이 들어 있을지, 또 그 차가 갑자기 하늘로 날아갈지 알 수 없는 상상체다. 그 차를 보고 엄마가 '물건 많이 실어 나르는 트럭'이라고 고정 관념에 꽉 박힌 설명을 한다. 엄마가 자녀와 마트에 갈 때 자세하게 이야기한다고 "반찬 사고 과일 사고…
어쩌고저쩌고… 마트 가자" 한다. 아이는 마트에서 과자 봉투에 그
려진 동물을 만나러 가는지, 아니면 고기 써는 아저씨 모습이 신기
해서 구경하러 가는지 누가 아는가. 마트는 아이에게 미지의 세계가
될 수 있다. 그 세계를 반찬 사고 과일 사는 엄마의 뻔한 세상에 가
둬버리는 것이다. '예쁜 신발'도 마찬가지다. 왜 신발이 예쁘기만 한
가? 아이가 스스로 만들 수 있는 상상의 이미지, 상상의 언어를 다
파괴하는 것이다. 예쁘다는 수식어를 안 썼다면 아이는 '와, 날아다
니는 신발 신고 가자!' 이렇게 속으로 말했을 수도 있다.

　또 다른 문제는 그렇게 수식어를 붙인다고 해서 꼭 아이 언어 능
력이 발달되지는 않는다는 것이다. 엄마가 덧붙일 수식어를 얼마나
알고 있을까? 뻔한 수식어 붙이고 말 길게 하려고 해야 별 소용 없
다. 그리고 그렇게 해서 제대로 효과를 보려면 최소 1년 이상 해야
한다. 수년간을 보잘것없는 수식어 쓰고 말 길게 하려고 애써야 한
다. 아이의 언어 발달을 위해 엄마가 억지스러운 노력을 하는 것이
다. 말 잘하려는 노력이 사실은 말도 안 되는 노력인 셈이다.

　이런 방식의 엄마의 말하기는 좋은 게 아니라 오히려 최악이다.
진짜 엄마를 숨기고 수다쟁이 흉내를 내니 최악이고, 자기 말을 안
하고 남이 시킨 어색한 말 하려고 하니 최악이고, 말할 때 '언어력'
과 '발달'이라는 숨은 의도를 갖고 하니 최악이고, 자녀의 상상력과
창의력을 파괴하니 최악이다. 최악이라고까지 과격하게 표현하는

이유는 제발 그러지 말자는 간절한 심정 때문이다.

● ●

수다쟁이 엄마가 좋을까

아이를 위해서 엄마가 수다쟁이가 돼야 한다니 어이없어 헛웃음이 나오지만 한편으로는 슬프다. 정말 대한민국에서 엄마 노릇 하기 힘들다. 수다쟁이 엄마로 대화해서 수다쟁이 아이 만들 건가? 그리고 노력한다고 해서 절대 되지도 않을 일이다. 쓸데없는 말만 하는 수다쟁이보다 아무 말 안 하고 있다가 촌철살인의 한마디 하는 사람이 더 멋있지 않나?

대학 시절의 친구 한 명이 생각난다. 평소에 정말 과묵한 친구였다. 말도 단답형이고 유머도 별로 없었다. 진정성 있는 사람이었지만 재미있는 친구는 아니었다. 당시는 1980년대라 대학 안팎에서 시위가 많았다. 한번은 의대 교수님들과 갈등이 생겨 학생들이 단체로 수업 거부를 했다. 교수들은 학생들을 설득하고 협박했다. 수업 거부 기간이 길어지자 학생들 내부에서 논란이 일었다. 계속 강행하자는 의견과 교수님들과 절충해서 협의하자는 의견으로 갈렸다. 우리끼리 싸움까지 날 판이었다. 끝장 토론회가 열렸고 갑론을박이 심했다. 그 와중에 말없던 이 친구가 불쑥 연단에 올랐다. 정말 놀랍게도 그는 현 상황을 일목요연하게 정리하면서 양쪽 문제점을 조목조

목 비판하고 최선의 대안을 제시했다. 논리적이었고 감동적이었다. 모두 침묵했다. 그런 토론회에서는 한쪽이 옳은 얘기를 해도 감정적으로 반대하는 게 다반사인데 그 친구 말에 장내가 평정되었다. 나는 속으로 엄청 놀랐다. '아니, 조용한 녀석에게 저런 능력이 있었다니…!' 그 뒤로 그 친구를 다시 보게 되었다. 그는 여전히 말이 없었다. 나는 말만 많이 하는데…. 크게 반성했다.

언어는 움직이는 생물체와 같다. 같은 단어도 아이마다 받아들이는 뉘앙스가 다르다. 특히 엄마의 언어와 아이의 언어는 다르다. 엄마의 언어는 어른들이라면 똑같이 쓰는 뻔한 단어다. 하지만 아이의 언어는 신조어다. 아이의 몸과 마음과 상상 속에 들어 있는 말이다. 아직 세상에 나오지 않은 말이다. 엄마 언어의 빈틈 속에서 아이의 상상력이 만든 언어가 탄생한다. 역설적으로 이런 이론을 내세울 수도 있다. '엄마가 말이 많으면 아이의 언어 능력이 약해진다.' 아이가 상상할 수 있는 공간이 줄어들기 때문이다. 엄마의 뻔한 수다성 대화를 듣게 되면 아이의 언어 능력도 고리타분해지고 실속만 없어진다. 오히려 엄마의 짧은 단어 속에서, 엄마의 침묵 속에서 아이는 더 많은 언어를 만들어낸다. 이런 반전의 신비를 믿어야 지혜로운 엄마다.

2
—

3대 대화법의
문제점

●●

3대 대화법이란

엄마 대화법 중에 유명한 3대 기법이 있다. 자녀와의 대화법을 다룬 책에서는 거의 예외 없이 이 세 가지 기법을 강조한다. 이 3대 대화법이 무엇인지 먼저 알아보자.

우선 '구나법'. 엄마가 아이의 감정, 행동, 말에 공감한다는 표시로 "-구나" 하고 맞장구를 쳐주는 대화법이다. 가령 딸이 친구와 싸우고 집에 들어와 씩씩거린다. 그러면 "아이고, 우리 ○○이가 친구 때문에 화가 많이 났구나~" 이렇게 아이의 감정에 맞춰 "그랬구나" 하고 말해준다. 아이 마음에 공감해주는 좋은 방법이다.

다음은 '나 전달법'. '나-메시지'라고도 한다. 어떤 상황에서 나의 감정을 상대방에게 쏟아내지 않고, '너의 행동 때문에 지금 내 감정이 이렇다'라는 걸 차분하게 설명해주는 것을 말한다. 가령 아이가 책상 정리를 안 했다. 그걸 보고 "야! 책상 정리해! 넌 왜 정리를 못 하니?" 이렇게 감정적으로 소리치는 게 아니라, "지저분한 책상을 보면 엄마가 화가 나"라고 엄마 상태를 이야기한다. '나 전달법'은 자기 감정을 안정시키면서 동시에 자신의 감정 상태를 자녀에게 알려주는 효과가 있다. 아이와 다툼도 줄어든다.

마지막으로, '감정 읽어주기'. 이는 '적극적 경청' 또는 '반영적 경청'이라고도 하는데 조금 어렵다. 이 기법은 지금 보이는 자녀의 행동이나 감정의 원인을 알아차리고 말로 표현해주는 것을 말한다. 엄마가 자녀의 감정과 그 감정의 밑바탕에 있는 마음을 이해하고 있다는 표시를 해주는 것이다. 가령 동생이 형이랑 게임을 하다가 졌다. 그래서 다시 하자고 했는데 형이 싫다고 하니 엉엉 운다. 이럴 때 말해준다. "이기고 싶어서 한 번 더 하자고 했는데 형이 안 한다니까 속상했구나." 아이에게 깊게 공감해주는 좋은 대화법이다. 하지만 참 어렵다. 그냥 "왜 울어?" 하면 될 것을 복잡하게 머리를 굴려야 하기 때문이다.

많은 엄마들이 3대 기법 중에서 제일 유용하게 사용하는 것이 '구나법'이고 그다음이 '나 전달법'이다. '감정 읽어주기'는 높은 수준의 공감 능력과 대화를 이끌어가는 내공이 필요하기 때문에 실생활에서 적용하기 쉽지 않다.

통하는 연령대가 있다

사실 이 3대 대화법은 엄마들이 배우지 않아도 알아서 잘하는 방법이다. 이런 식이다. 두 살 아들이 레고를 갖고 놀다가 뭔가 뜻대로 되지 않자 짜증을 내며 막 운다. 그럴 때 엄마가 이렇게 말한다. "어이구, 우리 ○○이~ 레고가 자꾸 무너져서 화가 났구나." '감정 읽어주기'와 '구나법'을 썼다. 아이가 화가 나서 엄마 팔을 때린다. "○○이가 엄마 때리면 엄마가 '아야' 해요." 이렇게 '나 전달법'까지 사용한다. 물 흐르듯이 잘 구사한다.

어떻게 배우지도 않았는데 잘할까? 답은 간단하다. 아이가 어려서 그렇다. 아이가 뭘 모르니까 엄마가 화날 것도 없고 야단칠 것도 없다. 엄마가 화가 안 나니 아주 자연스럽게 아이 입장에서 반응해주는 것이다. 그런데 아이가 커도 이렇게 할 수 있을까?

초등학교 2학년 아들이 레고로 뭘 만들다가 마음에 안 든다고 흩뜨려놓고 짜증 내면서 스마트폰을 들여다보고 있다. 엄마가 그걸보고 화가 났는데 "어이구~ 우리 ○○이 레고 갖고 놀다가 잘 안 돼서 화났구나" 또는 "네가 치우지 않으니 엄마가 짜증이 나네" 그래야 하나? 엄마가 그렇게 말했는데도 아들이 대꾸도 안 하고 스마트폰만 보고 있다 치자. 그럼 또 "너 화났는데 엄마가 잔소리하니까 더화가 나서 그러는구나" "네가 더 화내니까 엄마도 더 화가 나네" 이래야 할까? 아니면 이렇게 말해야 할까? "야! 너 뭐 하는 거야! 안 치워? 네가 못 만들고 왜 레고한테 화풀이냐!" "너 엄마 말이 말 같지 않아? 당장 치워!"

3대 대화법은 자녀가 초등학교 들어가기 전까지만 추천하고 싶다. 그때까지는 엄마가 그럭저럭 대화법을 실천할 수 있기 때문이다. 자녀가 머리가 좀 컸을 때, 그러니까 대충 사리분별하고 자기 행동에 어느 정도 책임질 나이가 되었을 때는 이 대화법을 쓰지 않는 게 좋을 것 같다. 쓰지 말라는 데에는 이유가 있다. 가장 큰 이유는 현실에서 실천하기 불가능한 대화법이기 때문이다. 그리고 이 대화법을 사용하다가 자칫 엄마가 화병 걸리거나 아니면 죄책감만 심해질 수도 있다. 더 큰 문제는 관계를 좋게 하려는 대화법인데 오히려 자녀와 대화가 단절되고 자녀 정서에 좋지 않을 수 있어서다.

● ●

'그렇구나'의 역효과

자녀가 컸을 때 3대 대화법을 쓸 경우 어떤 문제점이 있는지 구체적으로 살펴보자.

우선 '구나법'은 엄마가 자기 의견을 관철하기 위한 사전 작업 멘트로 전락할 수가 있다. "엄마, 나 영어 학원 안 다닐래." "응~ 학원 다니기 싫구나. 그런데 한번 생각해보자. 학원에서 좋은 선생님이랑 영어 공부하는 게 좋을까, 아님 너 혼자 하는 게 좋을까?" 이런 식으로 일단 "-구나" 하면서 공감해주는 척하고 결국엔 엄마의 의견을 제시하기 위한 수단으로 사용한다. 이런 상황이 반복되면 아이는 엄마의 '-구나'를 자기에게 공감하는 말이 아닌 잔소리의 시작으로 받아들인다.

다음으로 '나 전달법'은 두 가지 문제점이 있을 수 있다. 첫째는 엄마가 반복적으로 이 기법을 사용할 경우 아이는 그런 엄마에게 별 반응을 보이지 않을 수 있다. 엄마가 진짜로 화를 낸다면 자녀는 무서워하거나 반항이라도 한다. 그런데 그저 "네가 그러면 엄마는 화가 나" 하는 설명식의 말을 자주 하면 아이는 '그런가 보다' 하고 무시한다. 두 번째 더 큰 문제는 엄마가 '나 전달법'만 쓰다가는 화병 나기 십상이라는 것이다. 엄마도 인간인데 때로는 짜증도 내고 화도 내고 못 견디겠으면 악도 쓸 수 있어야 하지 않나. 자녀가 열받게 하는데 꾹꾹 참기만 하면 엄마 스트레스는 어디다 풀까? 그래서는 엄마 노릇 정말이지 하기 힘들다.

마지막으로 '감정 읽어주기' 또는 적극적 경청은 상당한 상담가적 자질이 있지 않고서는 실천하기가 어렵다. 자녀가 말하지 않은 숨어 있는 마음을 알아주어야 하므로 헛다리 짚기가 되기 쉽다. 잘못하면 지레짐작이 되어 오히려 대화가 어긋난다. 아이가 학원 가기 싫다고 하면 "왜?" 하고 물어보면 될 걸, 감정 읽어주기 한다고 고민한다. '얘가 왜 학원 가기 싫을까? 아마 공부하기 싫어서일 거야.'

"너 공부하기 싫어서 학원 가기 싫구나." "아니. 그게 아니야." "그러면 몸이 피곤해서 가기 싫구나?" "아니. 아니라고." "그럼, 학원 선생님이 마음에 안 들어서 가기 싫구나?" 이럴 것인가? 그냥 "왜?" 한마디면 끝날 일을 머리 굴리느라 고생하게 된다.

설령 엄마가 감정 읽어주기를 아주 잘한다고 해도 매번 그렇게 한다면 그것 역시 문제다. 극단적인 경우 아이는 엄마의 손바닥 안에서 놀아나게 된다. 엄마가 점쟁이고 족집게니 말이다. '응, 너는 이런 마음이구나. 엄마가 다 알지' 하는 식이다. 이건 공감이 아니라 독심술이다. 이런 엄마 밑에 있는 아이는 자유로울 수 없다. 엄마를 피하거나 속내를 꽁꽁 숨기려 할 것이다.

$\bullet\ \bullet$

가정은 상담소가 아니다

3대 기법은 물론 장점이 많은 대화법이다. 하지만 현실적으로 실천하기가 무척 어렵다. 왜 현실에서 잘 안 될까? 엄마의 능력 문제일까? 아니다. 엄마 탓이 아니다. 3대 대화법의 탄생에 비밀이 있다.

이 세 가지 대화법을 유행시킨 원조 격의 책들이 있다. 1960년대에 나온 『부모 역할 훈련』 『부모와 아이 사이』가 대표적이다. 이 책들에서 3대 기법이 강조되기 시작했다. 그리고 이 책들을 바탕으로 소위 PET(Parent Effectiveness Training)라는 부모 대화 교육 프로그램이 유행했다. 그러면서 이들 대화법이 자녀와 대화하는 방법의 기본처럼 자리 잡았다.

그 두 책의 저자들은 아동 심리 치료를 하던 사람들이다. 당시 아이들을 상담하다 보니 엄마가 문제였다. 특히 엄마의 대화가 자녀에게 공감하지 못하고 감정을 쏟아내는 방식이었다. 그 엄마들에게 감정을 퍼붓지 말고 자녀의 마음에 공감하라고 가르쳤지만 별 소용이 없었다. 이런 엄마들을 훈련할 효율적인 기법이 필요했다. 고민 끝에 상담사들이 사용하는 상담 기법을 발전시켜 3대 대화법의 틀을 만들었다. 즉 3대 대화법은 상담 기법에서 유래했다.

예를 들어보자. 중학교 2학년 남자아이와 상담을 한다. 아이는 상담 안 받겠다고 거부했는데 엄마가 설득해서 겨우 오게 됐다. 아이가 말을 안 하고 뾰로통해 있다. 상담사가 말을 걸자 "신경 꺼요! 당신한테 할 말 없어요!" 하고 화를 낸다. 이때 상담사가 "어디 선생님한테 화를 내고 그래! 상담하러 왔으면 말을 해야지. 그게 무슨 버릇이야!" 이렇게 대하는 경우는 없다.

우선 '구나법'으로 대화를 시작한다.

"너 화났구나."

그런 다음 '감정 읽어주기'를 한다.

"너는 상담할 필요 없다고 생각하는데 엄마가 억지로 끌고 와서 화가 났구나. 네가 화난 건 알겠는데 그래도 네가 아무 말 안 하고 화만 내고 있으니 선생님도 무척 불안하다. 어떻게 해야 할지 모르겠어. 괜히 선생님도 너한테 미안한 마음이 드네."

이렇게 '나 전달법'으로 상담사의 마음을 표현해서 아이와 소통의 물꼬를 튼다.

3대 기법은 상담과 같이 특별한 상황이나 특별한 장소에서 하는 대화법이다. 매일 자녀와 지지고 볶는 집 안에서 이런 대화법이 늘 통할 리가 없다. 상담소 외에 이런 대화법을 적용할 수 있는 상황이 있기는 하다. 콜 센터 직원들이 고객을 응대할 때, 또는 직장 내에서 감정을 절제하고 공손하게 자기 표현을 해야 할 때 등이다. 이를테면 핸드폰 요금이 많이 나왔다고 욱해서 항의하는 고객에게 직원이 이렇게 응대한다.

네… 고객님, 화가 많이 나셨군요. (구나법)

아, 네. 이번 달 요금이 너무 많이 나와서 당황스럽고 화가 나셨군요. (감정 읽어주기)

고객님, 많이 화가 나셨군요. 그래도 고객님이 그렇게 소리치시니 저도 많이 당혹스럽습니다. (나 전달법)

이처럼 상대의 감정을 상하지 않게 하면서 일을 처리해야 하는 공적 상황에서 필요한 대화 기법이다. 이 기법이 가정에서, 부모와 자녀 간에 가능할까? 하루가 멀다 하고 전쟁이 벌어지는 자녀와의 관계에서 말이다.

● ●

일관성이 중요하다

엄마가 하루 종일 직장에서 일하고 지친 몸으로 집에 들어왔다. 아들이 뭐 하고 있나 보니 숙제도 미뤄놓고 게임에 열중하고 있다. 눈치를 줘도 아는지 모르는지 계속한다. 두고 볼 수 없어 이제 게임 그만하고 숙제하라고 하니 아들이 게임 한 지 얼마 안 됐다며 짜증을 낸다. 엄마는 화가 나지만 꾹 참고 배운 대로 말한다. "너 짜증 났구나." 아이는 묵묵부답, 게임만 들여다보고 있다. "너는 네가 알아서 게임 그만하려고 했는데 엄마가 잔소리해서 짜증이 났나 보네." 그래도 반응이 없다. "네가 그렇게 짜증 내고 엄마 말 못 들은 척하면 엄마도 화가 나." 여전히 무반응. 이제 어떻게 하나? 이런 상황이 반복된다면 엄마가 견딜 수 있을까? 득도를 하거나 실성하거나 둘 중 하나다.

　결론. 3대 대화법은 일상생활에서는 제대로 실천할 수가 없다. 해도 효과가 없다. 왜냐, 하려면 정말 일관성 있게 해야 하기 때문이다. 이 기법은 상담 기법에서 유래되었다고 했다. 이 사실이 중요하다. 앞서 억지로 상담실에 끌려온, 화가 난 중학생의 예를 다시 보자.

상담사가 학생과 처음 만났을 때 3대 기법으로 아이와 잘 만나주었다. 두 번째 상담에서 학생이 여전히 상담에 거부 반응을 보였다. 상담사가 더 이상 참지 못하고 "야! 너 저번에도 상담 와서 짜증내더니 이번에도 짜증이냐! 상담하러 왔으면 말을 해야지! 너 뭐하는 짓이냐!" 이렇게 화를 냈다면? 관계가 와르르 무너진다. 이러고 다음번에 그 학생이 엄마 손에 이끌려 왔을 때 상담사가 다시 부드럽게 3대 대화법으로 대한다고 한들 아이가 상담사를 신뢰할까? 절대 신뢰하지 못한다. 이런 기법은 정말 일관성 있게 해야 한다. 이랬다저랬다 하면 안 된다.

엄마가 감정 잘 읽어주고 '나 전달법'으로 말하다가 어느 날은 "내가 미쳐! 너 맞아야 정신 차릴래?" 하고 난리 쳤다가 다음 날은 반성하고 다시 "그랬구나~" "네가 그러면 엄마는 화가 난단다" 하고 오락가락한다면? 아이가 이 엄마를 어떻게 생각할까?

참을성 있게 일관적으로 3대 대화법을 실천해나가는 엄마도 있을 것이다. 어려움을 무릅쓰고 해보려는 마음이 애틋하다. 그런데 실천의 어려움 말고도 또 다른 문제가 있다. 이 대화법은 오히려 생생한 감정 교류를 차단하고 심하게는 대화를 단절시킬 수도 있다. 아니, 대화를 잘하기 위한 방법이 오히려 대화 단절을 야기한다니 무슨 말일까?

감정 차단, 대화 단절

세상에 어떤 방법론이든 좋은 점만 있지는 않다. 3대 대화법을 자칫 잘못 사용하면 감정 차단과 대화 단절이라는 부작용이 일어날 수 있다. 예를 들어보겠다.

엄마가 스마트폰 자주 한다고 아들 스마트폰을 뺏었다. 아들이 화가 나서 소리친다. "엄마 미워!" 그 말에 엄마가 이렇게 반응한다. "너 화났구나. 엄마가 스마트폰 하지 말고 공부하라고 해서 엄마가 미워졌구나" "네가 그렇게 소리치면 엄마도 화가 나는데…." 아이는 화가 잔뜩 났는데 엄마는 쿨하게 이성적으로 반응하는 것이다.

엄마가 이렇게 말하면 아이는 다음에 무슨 말을 할 수 있을까? 화가 나는데 화를 낼 수도 없고 엄마의 말에 대꾸를 할 수도 없다. 일상에서 엄마가 이런 대화를 하면 아이는 자기 감정도 표현하지 못하고 입을 다물게 된다.

'나 전달법'에 문제가 숨어 있다. 많은 사람들이 잘못 생각하는 게 있다. '나는 화가 났다'라는 말을 하고는 자기 감정을 표현했다고 착각한다. 그건 감정을 '표현'한 게 아니라 감정을 '설명'한 것이다. 이건 큰 차이다. 화가 나면 '화났다는 정보를 알려주는' 게 아니라 '화를 내는' 게 리얼한 인간 대 인간의 만남이다. 그런 리얼한 감정으로 대하다 보면 싸움이 일어날 수 있으니 직장과 같은 공적인 자리에서는 나 전달법을 사용해서 이성적으로 대응하라는 것이다. 하지만 지지고 볶는 사적인 자리, 특히 부모와 자녀 관계에서 이런 대화는 오히려 감정과 대화의 교류를 막는다. 상대방이 이성적으로 대응하면 할 말이 없기 때문에 거기서 상황이 종료되는 경우가 많다. 부모가 매일 이런 대화를 한다면 자녀는 감정 표현에 어려움이 생길 수 있다. 부모가 이성적으로 반응하니 아이는 감정을 내보이는 법을 알기 힘들고 또 감정을 드러내는 걸 부정적으로 여기기 쉽다.

그리고 3대 대화법을 일상적으로 사용하다가는 상투적이고 가식적인 대화로 전락할 수 있다. 어떤 집안의 실제 이야기다. 딸아이와 다투려는 상황에서 엄마가 "응, 그랬구나" 하자 딸이 "됐어! 엄마, 그만해. 또 '구나'야?" 하고 자기 방문을 쾅 닫고 들어갔단다.

요컨대 3대 대화법은 일상에 적용할 만한 대화법이 아니다. 평소에는 대화법 신경 쓰지 말고 그냥 엄마만의 자연스러운 대화를 하자.

●●

3대 대화법이 꼭 필요한 순간

이 대화법이 꼭 필요한 경우는 따로 있다. 그때만 놓치지 말고 잘 쓰면 된다. 기본적으로 이 대화법은 상담식 대화법이라는 점을 생각하자. 엄마가 상담사 역할을 해야 하는 경우에 3대 대화법을 쓰면 아주 좋다. 그때가 언제인지, 세 경우로 나눠보았다.

우선, 자녀가 엄마가 아닌 제3자와 문제가 생겼거나 엄마와 무관한 사건으로 대화를 할 때다. 친구와 갈등이 있을 때, 선생님에게 불만이 생겼을 때 등이 그런 예다. 이때는 엄마가 상담자 모드로 변신해야 한다. "아이고, 우리 딸이 선생님 때문에 화가 났구나" "잘못한 것도 아닌데 억울했겠다" "우리 딸이 우니까 엄마도 마음이 아프네. 화도 나고."

다음으로, 중요한 상황이나 특별한 주제로 대화를 할 때다. 학교를 그만두고 싶다거나 남자친구를 사귀겠다거나, 하여튼 일상과 다른 큰 주제일 경우에 엄마가 상담자 역할을 해야 한다. "아, 학교 다니는 게 힘들었구나" "네가 이러이러해서 학교를 그만두고 싶구나" "네가 학교 그만둔다니 엄마 마음이 참 갑갑하네. 네가 그걸 못 참으니 좀 속상하기도 하고." 이러면서 대화를 풀어나가면 좋다.

마지막으로, 자녀가 심리적으로 약하고 병들었을 때나 부모 자녀 관계가 악화됐을 때다. 우울증, 불안증 또는 은둔형 외톨이와 같이 심리적으로 문제가 있을 때 엄마가 당연히 상담사 역할을 해야 한다. 아이 마음에 공감해주고 아이를 있는 그대로 이해해주고 엄마가 자기 감정을 절제해서 표현해야 한다. 또한 관계가 악화돼서 자녀가 엄마에게 반항하고 대화가 거의 안 될 때는 엄마가 감정을 쏟아 붓지 말고 자녀 감정을 이해하려고 애써야 하니 이 대화법이 유용하다.

〈우리 아이가 달라졌어요〉 같은 육아 프로그램을 보면 엄마가 이런 3대 대화법을 써서 아이의 행동이 개선되는 경우가 있다. 그렇다 보니 구나법이 만병통치약처럼 보이고 엄마들의 필수 대화법인 양 강조된다. 모든 엄마들이 그런 대화를 해야 하는 걸로 생각하기 쉬운데 그렇지 않다. 방송에 나오는 아이들이 대개 문제 행동을 보이기 때문에 그 대화법이 필요한 것이다. 그전까지는 엄마가 감정 쏟아 붓고 야단만 쳤는데, 전문가의 조언에 따라 감정을 절제하고 아이를 이해해주고 부드러운 대화를 하니 아이가 달라지는 것이다.

이와 같은 세 가지 상황을 제외하고는 굳이 3대 기법으로 대화하려고 애쓸 필요 없다. 그냥 엄마 스타일대로 자연스럽게 말하고 옥신각신 지지고 볶으면 된다. 그저 야단 조금 덜 치고, 소리치는 것 조금 줄이고, 때로 져주고 그러면 충분하다.

● ●

나다운 대화가 최고다

자녀와의 대화는 자연스러워야 한다. 그냥 아이와 '아무 생각 없이' 말해야 한다. 아무 작전이나 전략 없이, 대화 외에 어떤 숨은 의도도 없이 말해야 한다. 그게 제일 좋은 엄마의 대화법이다. 엄마가 말하는 방식을 바꾸려고 애쓴다면 자녀에게 안타까운 일이 발생한다. 세상에 둘도 없는 내 엄마의 말 스타일을 아이가 만나지 못한다. 목소리가 나의 고유한 색깔이듯이 말하는 스타일도 내가 살아오면서 만들어진 나만의 빛깔이다. 투박하고 좀 거칠고 짧더라도 그게 나의 개성이다. 세상 하나뿐인 나의 말투를 아이에게 들려줘야 한다. 엄마가 자기 하는 말에 신경 쓰면서는 아이 못 키운다. 엄마 되기 전부터 해온 대화 방식을 자연스럽게 쓰는 게 제일 좋다. 그래야 엄마와 아이 둘만의, 세상에 둘도 없는 커뮤니케이션이 탄생한다. 나답게 말하는 게 최고의 대화법이다.

하나 덧붙이자면, 3대 대화법은 학교 선생님이 쓰면 큰 도움이 된다. 학생들과 공감하고 마음을 어루만지는 대화를 하니 학생들이 존경할 수밖에 없다. 하지만 그 선생님도 집에서 자녀들과 일상 대화를 할 때는 본인 개성대로 자연스럽게 해야 한다. 집에서까지 3대 대화법을 고수하다가는 스트레스 받고 화병 날 수도 있다.

자녀 교육 분야 곳곳에 심리학이 들어와 있다. 심리학 이론 자체야 인간을 대하는 좋은 방법들이지만 아무 때나 무조건 적용해서는 곤란하다. 심리학이 자녀 교육에 도입되면서 아이러니하게도 엄마들 머리를 복잡하게 만들고 마음을 괴롭게 하고 있다.

이 책 제목에 '심리'라는 단어를 쓴 이유는 엄마들이 '심리학'을 잘 알기를 바라서가 아니다. 자녀 교육서에 담긴 심리학 이론의 문제점을 지적하고자 하는 역설적인 이유에서다. 무분별하게 도입된 심리학 이론에 흔들리지 않고 엄마 자신만의 확고한 교육 철학을 가졌으면 하는 바람이다.

상담 선생님들과의 문답

학교 상담 선생님들을 대상으로 강의를 했다. 3대 대화법의 문제점을 이야기하고 특별한 경우가 아니고서는 엄마들이 평상시에 이런 대화법을 사용하려고 애쓰지 말라고 강조했다. 그러자 강연장이 술렁거렸다. 논란이 일었다. 상담사 선생님들은 3대 대화법의 중요성을 누구보다 잘 알고 있는 사람들이다. 학부모들에게 가르치고 자신들도 실천하려고 애쓰는 3대 대화법을 강사가 하지 않는 게 좋다고 주장하니 혼란스러웠던 것이다. 많은 질문이 쏟아졌다. 그 문답 중에서 몇 개를 추려 소개한다.

Q. 선생님 말씀대로라면 날마다 아이와 싸워도 괜찮다는 말인가요? 아니 오히려 싸우는 게 더 낫다는 건가요?

A. 그건 물론 아니지요. 엄마가 시도 때도 없이 분노 폭발하고 악쓰고 소리치는 건 당연히 안 좋지요. 저는 상식 수준에서 말하는 겁니다. 보통 엄마들이 날마다 감정을 거르지 않고 막 쏟아내나요? 그러지 않잖아요. 알아서 감정 조절하고 정 못 참겠다 싶을 때 화내잖아요. 매일 감정 폭발하는 상위 10퍼센트가 아니면 평균이라는 겁니다. 그 평균에 있는 엄마들은 자연스럽게 감정을 표출하

는 것이 더 좋습니다. 오히려 3대 대화법에 묶여서 자연스러운 대화를 못 하는 게 문제가 됩니다. 엄마가 때때로 화낸다고 아이가 이상해지지 않습니다. 오히려 지지고 볶는 관계 속에서 아이는 야단도 맞고 억울함도 겪어보고 엄마의 감정 쓰레기를 받아도 보고 거기에 맞대응도 하면서 감정 분출과 표현의 경험을 자연스럽게 쌓는 것입니다.

Q. 그럼 상담하러 온 엄마들에게 집에서 구나법을 쓰지 말라고 해야 하나요?

A. 아닙니다. 상담 선생님들이 만나는 엄마들 중에는 자녀에게 공감해주지 못하고 감정을 몽땅 쏟아내는 분들이 많습니다. 그런 분들에게는 당연히 이 대화법을 알려주고 훈련하셔야죠. 원래 이 대화법의 탄생 배경이 문제 엄마들과 관련 있습니다. 그런 엄마들을 위해 이런 대화 테크닉이 탄생한 거지요. 그렇기에 보통 엄마들이 평상시에 사용하려고 애쓸 필요가 없다는 말입니다. 한다고 되지도 않고요. 혹 평범한 엄마가 이 대화법에 묶여서 쩔쩔매고 실천 못 한다고 자책하고 있다면 그런 분에게는 굳이 이런 대화법 쓸 필요 없다고 안심시켜주면 좋겠지요.

Q. 그래도 할 수만 있다면 해보는 게 낫지 않을까요?

A. 네. 해보시고 할 수 있다면 괜찮겠지요. 하지만 그 대화법에는 숨은 전제 조건이 있습니다. 그 대화법을 엄마만 해서는 안 된다는 겁니다. 엄마는 부드러운 3대 대화법 쓰는데 아빠는 그런 대화를 전혀 안 한다면 어떨까요? 아빠는 아이한테 자기 감정 그대로 야단치고 화냅니다. 그러면 엄마의 노력이 별 소용이 없습니다. 그리고 아빠만 나쁜 사람 됩니다.

또 하나 전제 조건이 있습니다. 남편에게 먼저 이 대화법을 써야 한다는 겁니다. 남편에게는 감정 다 쏟으면서 아이에게만 이런 고상한 대화법 쓰면 소용이 없습니다. 집안에서의 대화는 공기와 같습니다. 내뱉어진 말을 매일 들이마시기 때문입니다. 엄마가 아빠랑 툭하면 다투고 서로 잘못을 탓하다가 옆에 있는 아이한테는 "그랬구나~" "네가 그러면 엄마는 이러저러해~" 하면 아이가 어떻게 생각할까요? 무의식적으로 엄마를 이중적이라고 여기고 엄마가 아이 자신에게 하는 대화를 가식적이라고 받아들일 수 있습니다. 자녀에게 이 대화법을 쓰려면 먼저 남편을 상대로 연습해서야 합니다. 남편한테 잘된다면 그때 자녀에게도 사용하라고 추천하겠습니다. 그래야만 제대로 효과가 있습니다.

Q. 3대 대화법이 오히려 감정을 차단한다는 말이 이해가 안 돼요. "나 지금 화났어" 하는 건 감정을 표현하는 거잖아요. 아이도 그렇게 자기 감정을 표현하면 좋은 거고요.

A. 이 부분을 헷갈리시는 거 같아요. 나 전달법에서 '나 화났다'고 말하는 건 감정 표현이 아니라 언어로 '설명'하는 겁니다. 감정 표출과 이성적인 설명은 하늘과 땅 차이죠.

웃기면 웃고 슬프면 울어야 감정 표현입니다. 웃긴데 웃는 대신 "나 웃겨"라고 말하고 슬픈데 슬퍼하는 대신 "나 슬퍼"라고 말하는 건 심하게 표현하면 '감정불능증' 환자들이 하는 방법입니다. 정신과 증상에 감정불능증이라고 있습니다. 감정을 못 느끼고 '알기'만 하는 거죠. 아주 웃긴 상황에서도 무표정하게 "나 웃겨요" 하고 무덤덤하게 말하는 게 특징이지요.

더 위험한 오류가 있습니다. 아이에게도 '함부로 감정을 표현하면 안 되고 네 감정 상태가 어떻다고 또박또박 이야기해야 한다'고 교육하는 엄마가 있습니다. '앙앙' 우는 아이에게 "울지 말고 똑바로 네 감정을 표현해봐!" 그럽니다. 아이는 울음을 참고 "○○이는 슬퍼" 하고 이야기합니다. 그걸 엄마는 아이가 제대로 감정을 표현한 것으로 착각합니다. 정말 위험천만입니다. 그건 감정을 표현하는 게 아니라 감정을 억압하는 것입니다. 그러면 자녀는 감정이 풍부한 아이가 되는 게 아니라 감정 표현을 못 하는 아이, 감정이 무딘 아이, 남들이 감정적으로 훅 들어왔을 때 어쩔 줄 모르고 당황하는 아이가 됩니다.

나 전달법은 너무 과도한 감정 쓰레기를 자녀에게 분출하지 않게 하는 하나의 테크닉일 뿐입니다. 한마디로 너무 시도 때도 없이 감정 폭발하면 좋을 게 없으니 그러지 말자는 것이지, '감정 상태를 언어로 설명'해야 한다는 게 아닙니다.

Q. 선생님이 굳이 3대 대화법을 문제 삼는 이유가 무엇인가요? 엄마들이 실천하다가 잘 되면 좋은 거고 잘 안 되면 그런가 보다 하면 그만인걸요. 지금도 엄마들이 다 알아서 자기 수준에 맞게 하고 있을 텐데요.

A. 네. 저도 그렇게 생각해요. 엄마들이 다 알아서 할 거라고요. 하지만 어떻게 보면 생후 3년 이론이나 애착 이론과 비슷해요. 생후 3년, 애착 관계 이론 때문에 직장 맘들이 죄책감과 불안감을 갖고 있잖아요. 마찬가지로 3대 대화법이 일반화하면서 그런 대화를 못 하는 엄마들이 쓸데없는 죄책감과 불안감을 갖는 게 문제라고 봐요.

이런 엄마를 봤기 때문입니다. 그저 평범한 엄마예요. 3대 대화법을 해야 된다는 것에 묶여서 말할 때마다 고민하는 거예요. '감정을 읽어주라고 했는데 어떻게 읽어줘야 하지?' 그러다가 감정 폭발이라도 한번 하면 죄책감에 힘들어하고요. 엄마 노릇이 이렇게 어려워서야 누가 엄마 되려고 하겠어요. 왜 이런 일이 일어났는지 모르겠어요. 그러지 말자는 얘깁니다. 엄마가 그냥 자연스럽게 자녀와 이야기하면 되잖아요.

또 이런 대화법을 사용하면 오히려 아이들 감정이 억압됩니다. 정말 문제입니다. 그렇게 표출되지 않은 아이들의 감정이 하수구로 숨어 들어갑니다. 이런 아이들이 채팅방이나 사이버 세계에 들어가 쓰레기 감정을 분출하는 겁니다. 부모들이 아이들의 어두운 민낯을 보면 경악할 것입니다. 아이들이 사이버 공간에서 자기 엄마 아빠에게 욕설하는 건 예삿일입니다. 그 아이들이 인성이 망가진 아이일까요? 아닙니다. 겉으로 착하고 얌전한 아이들이 그러고 있습니다.

지금 아이들은 자기 감정을 제대로 표현 못 합니다. 대학생들, 정말 감정 표현 못 합니다. 저는 사이코드라마 전문가입니다. 10년 전까지만 해도 사이코드라마 전문가들이 대학생들과 사이코드라마 하는 걸 엄청 좋아했습니다. 대학생들이라 자발성이 넘치고 감정이 넘쳐서 자기들이 알아서 다 했기 때문입니다. 지금은 대학생들과 드라마 한다고 하면 다들 힘들어합니다. 사이코드라마라는 게 자기 감정을 표현해야 하는데 이 친구들은 완전 무표정입니다. 자기 표현도 안 합니다. 정말 드라마 진행하기 어렵습니다. 유명한 강사들이 강연할 때 가장 어려운 집단이 공무원 집단이라고 말합니다. 웃긴 얘기를 해도 웃지도 않고 시큰둥한 표정이고 반응도 없어서랍니다. 이제 대학생 집단이 그렇습니다. 무표정, 무감동의 집단이 되었습니다.

그런데 놀라운 게 뭔지 알아요? 대학생들과 힘들게 사이코드라마를 끝내고 나서 제대로 못 했다고 자책하면서 집에 오면 문자가 속속 뜹니다. 학생들이 보낸 겁니다. 그 내용이 정말 반전입니다. '선생님 너무 좋았어요' '너무 즐거운 하루였어요' '사이코드라마 멋져요. 완전 감동이었어요' '정말 많이 울었어요' 이런 문자, 울고 웃는 이모티콘이 쏟아지는 겁니다. 이게 뭡니까? 두 시간 내내 무표정하게 앉아 있다가 한두 번 큭큭거리기나 하고 소감 말해보라고 하면 몇 마디 할까 말까 하던 아이들이었는데…. 이게 그냥 겉치레 인사인지 아니면 정말 속으로 이런 감정을 느낀 건지 헷갈렸습니다.

아이들의 감정이 글자 속으로 들어가 박제되었습니다. 생생한 감정이 마치 "나 화났어" 하는 '나 전달법'처럼 이모티콘이나 문자로만 무미건조하게 표현됩니다. 그리고 실제 사람 대 사람의 만남에서는 무표정, 무감동입니다.

이런 시대에 3대 대화법으로 아이들의 감정을 더욱 묶어버리는 게 아닐까 우려됩니다. 생생한 감정을 표현하지 못한다면 로봇과 다를 게 없습니다. 로봇은 화를 안 내잖아요. 로봇은 이성적이잖아요. "주인님이 그렇게 하면 제가 화가 납니다. 삐삐." 이제 아이들은 사람과 만나 감정을 교류하는 대신 AI 로봇과 감정 교류하는 게 더 편할 겁니다. 인공 지능이 엄마들보다 3대 대화법을 훨씬 더, 아니 철저하게 잘하니까요.

저는 이렇게 생각합니다. 생생한 감정이 자발성의 동력이라고요.

그리고 생명력이라고요. 시장통 아줌마 같다는 말이 있죠. 어떤 느낌이 나나요? 소리치고 싸우고 그러다 깔깔거리고, 거칠 것이 없습니다. 날것의 감정을 그대로 표현합니다. 거기서 생명력이 느껴지지 않나요? 인간적인 정이 느껴지지 않나요? 어쩌면 이 시대는 그런 살아 있는 감정이 다시 필요하지 않을까요? 생생하게 감정이 살아 있는 아이들, 그 아이들이 AI 시대의 주역이 될 거라고 믿습니다.

3

좋은 대화의
원칙

• •

대화 단절, 어떻게 예방할까

엄마가 어떤 대화 기술로 자녀의 정서를 좋게 할지, 어떻게 언어력을 향상시킬지 고민할 것이 아니다. 이 시대는 자녀와의 대화 단절이 더 큰 문제다. 많은 아이들이 초등학교 고학년만 돼도 엄마 말에 어긋나게 행동하고, 중학생이 되면 짜증과 반항이고, 고등학생이 되면 입 막고 귀 닫는다. 자녀가 컸을 때도 엄마가 자녀와 편안하고 솔직하게 대화를 나눌 수 있다면 그걸로 충분하다.

엄마 대화법의 핵심은 이것이다. 아이를 위해서 '무엇을 해줄까'가 아니라 '무엇을 하지 말까' 하는 것. 다음 두 가지 원칙만 실천하면 적어도 자녀와 대화가 단절되는 일은 없으리라 생각한다.

첫째, 말하는 도중에 끊지 말자. 아이 말이 끝날 때까지 끊지 말고 들어준다. 엄마 대화법의 제1원칙이다. 자녀가 하는 말이 설령 말도 안 되고 뻔한 내용이라도 끝까지 들어주어야 한다. 중간에 끊으면 못다 한 말이 아이의 목에 걸리고 귀를 막아서 말문이 막히고 엄마 말이 들리지 않는다. 특히 자녀가 무슨 얘기를 하려는지 파악한 순간 "알았어, 알았다고. 네 얘기가 무슨 얘긴지 알았어. 그러니까" 하면서 끊는 경우가 많다. 간혹 끝까지 들어주다 보면 아이가 한 말 또 하기도 한다. 두 번 이상 반복할 때는 "그 이야기 또 하는 거니까 이번에 엄마가 얘기할게" 하면서 끊으면 된다.

말을 끊지 말라는 데에는 깊은 뜻이 있다. 아이의 '생각'이 아니라 '마음'을 들어주는 일이기 때문이라는 것. 말의 내용보다 그 말을 하고 싶은 마음을 충분히 표현하게 해야 한다. 대화는 생각의 오고 감이 아니라 마음의 오고 감이다. 자녀의 마음을 받아줘야 아이도 엄마의 마음을 받아준다.

엄마가 아이 말을 끝까지 들어주면 아이에게 자연스럽게 두 가지 능력이 발달한다. 표현력과 공감력이다. 아이가 자기 말을 다 하는 걸로 표현력의 기본은 만들어진다. 엄마가 말을 끊으면 아이는 단답형 또는 한 문장 아이가 된다. 그리고 입을 다물게 된다. 자기 말을 충분히 하고 엄마가 잘 들어준 경험을 한 아이는 어디서나 자기 표현을 잘하게 되어 있다.

엄마가 공감력이 부족해도 아이의 공감력을 키워줄 수 있는 확실한 방법이 바로 아이 말을 끝까지 들어주는 것이다. 무슨 마음으로 그 말을 하는지 공감이 안 되더라도 들어주는 행위 자체가 공감의 최소, 기본이 되어준다. 엄마가 잘 들어주면 아이도 남의 말 잘 들어준다. 그것 하나만 잘해도 나의 공감력도 아이의 공감력도 걱정할 필요가 없다.

대화법의 원칙 두 번째, 정답을 버리자. 자녀와 대화가 단절되는 가장 큰 이유는 대화의 결론이 '엄마가 옳다'로 끝나기 때문이다. 얘기해봤자 늘 엄마의 결론인데 아이가 대화하고 싶을까? 자녀와 이야기할 때 엄마의 정답을 머릿속에서 지워야 한다.

정답 엄마는 말도 논리적으로 한다. '네가 맞나 내가 맞나'를 가려내는 대화다. 논리야 당연히 엄마가 맞다. 그런데 자녀의 감정과는 맞지 않는 게 문제다. 엄마 입에서 나온 논리적인 말이 아이의 귀로 들어갈 때는 잔소리로 변한다. 엄마가 입을 여는 순간 아이는 귀를 닫는다. 엄마가 말하는 순간 아이는 유체이탈해서 그 자리에 없다. 엄마 말이 끝나면 아이 영혼이 돌아온다.

많은 엄마가 자신은 민주적이고 합리적으로 대화한다고 생각한다. 하지만 엄마가 하는 말을 들어보면 논리적 잔소리고 유도 신문이다. 엄마 스스로 자기 말투를 한번 살펴보자. "네가 이러이러하니까 이러하지" "그러니까 이렇게 해야지"라는 식이 많지 않은가? 기승전'가르침' 기승전'좋은 말' 기승전'그러니까'다. 그 습관을 바꿔야 한다. 마지막 멘트에서 혀를 깨물자. 결론을 아이가 내리도록 해주자.

엄마의 결론이 정답인데 그걸 버리라고? 어쩔 수 없다. 그래서 엄마 노릇이 어려운 것이다. 이렇게 믿자. '엄마가 정답을 버리면 아이는 스스로 인생의 정답을 찾는다.' 역전의 묘미고 역전의 기적이다. 지금 아이의 답은 완전히 틀린 답 같지만 그 오답을 통해 새로운 정답을 찾는 날이 올 것이다. 아이의 오답을 위해 자기의 정답을 버리는 엄마는 용기 있는 엄마다. 그런 엄마는 단언컨대 상위 10퍼센트 안에 드는 엄마다.

● ●

미러링, 팩트보다 감정이다

기본이 되는 두 가지 원칙을 이야기했다. 거기에 하나만 더하면 금상첨화다. 가장 좋은 공감 대화법을 소개한다.

아이가 받아쓰기 시험을 보면 대개 열 문제 중에 잘해야 네 개가 맞았다. 그런데 이번 시험에서는 여섯 개가 맞았다. 아이는 너무 기뻐서 집에 오자마자 "엄마, 엄마, 나 받아쓰기 여섯 개 맞았어!" 하고 자랑했다. 그러자 엄마도 "와! 여섯 개나 맞았네?" 하며 아이와 똑같이 기뻐하고 자랑스러워했다.

바로 거울 기법이다. 아이의 감정을 비추는 거울이 되어 똑같이 반응해주는 것. 여기서 만약 엄마가 "어이구~ 이것아, 여섯 개 맞고 잘했다고 자랑이냐!" 이러면 '쨍그랑!'이다. 아이가 내놓은 감정을 세상이 받아주지 않았다. 아이는 헷갈린다. 자기는 기쁜데 엄마는 안 기뻐한다. 그럼 '내가 기뻐하는 게 잘못된 건가?' 하고 자기 감정에 의문이 든다. 그러면서 아이는 언제 기뻐해야 할지 모르게 된다. 상대의 반응도 어떻게 나올지 헷갈린다. 그러니 감정을 표현하지 않게 되고 상대가 어떻게 나올지 눈치를 보게 된다. 가령 다음 시험에서 여덟 개를 맞았다. 막 기뻐하려다가 멈칫한다. '아냐! 이걸로 기뻐하면 안 될지 몰라.' 아이는 무표정하게 엄마에게 받아쓰기 시험지를 내민다. 아이의 기뻐하는 감정도 차단된다.

거울 기법을 영어로 '미러링(mirroring)'이라고 한다. 아이 감정을 그대로 받아주는 일은 간단하지만 중요하다. 엄마가 미러링만 잘 해주면 아이는 공감력도 커지고 자기 표현도 잘한다. 누군가 받아주는 걸 경험했기 때문에 안전하게 감정을 표현한다. 힘들면 힘들다고 친구한테 얘기하고 엄마한테 얘기한다. 어려운 일 있을 때 혼자서 말못 하고 끙끙대지 않는다. 이런 아이는 엄마의 미러링을 자연스럽게 본받아서 다른 사람에게도 미러링 해주는 능력이 생긴다. 친구들 마음 잘 알아주고 상담해주는 역할을 한다.

미러링을 못 하는 이유는 자녀의 감정에 맞추지 않고 '팩트', 사실에 초점을 맞추기 때문이다. 아이가 받아쓰기 시험에서 여섯 개를 맞았다. 팩트로 따지면 받아쓰기 열 개 중 여섯 개 맞힌 것이 그리 기쁜 일은 아니다. 그러니 기뻐하는 아이에게 팩트 폭격을 한다. "여섯 개가 뭐 잘한 거라고 좋아하냐!" 자녀가 감정 반응을 보일 때 엄마는 마음으로 아이를 만나야 한다. 팩트로 만나는 게 아니다. 아이가 감정을 보일 때 팩트가 떠오르면 빨리 도리도리하고 아이 감정에 내 마음을 맞춰야 한다. 미러링은 3대 대화법의 '구나법'과 비슷하다. 그런데 미러링은 말보다 마음으로 공명하는 방법이다. 아이가 기뻐하면 "너 기쁘구나" 하고 말로 읽어주는 게 아니라 아이의 감정과 똑같이 기뻐하는 것이다.

아이 뇌를 지켜주는 백신

내가 상담했던 한 여성이 있다. 유치원 때인가 삼촌이 "넌 못생겼어"라고 했던 말이 머리에 박혀 나이가 마흔이 되도록 자기는 못생겼다고 생각하며 살고 있다고 했다. 못생긴 얼굴이 전혀 아닌데도.

뇌는 컴퓨터와 같다. 단순하다. 입력하는 사람이 누구든 상관없이 자판을 치면 컴퓨터는 반응한다. 아이 뇌도 마찬가지다. 말한 사람이 삼촌이든 동네 아저씨든 상관없이 '못생겼어'라는 정보만 뇌에 입력된다. 아이는 그 말을 듣고 '내가 못생겼다는 건 삼촌의 주관적인 생각일 뿐이고 다른 사람들은 그렇게 생각하지 않을 거야' 하면서 거부할 능력이 없다. 컴퓨터가 입력된 정보를 스스로 지울 수 없듯이 아이의 뇌도 들어온 정보를 지울 능력이 없다.

컴퓨터에는 바이러스를 막기 위한 백신 프로그램이 설치되어 있다. 우리 뇌에도 백신 프로그램이 필요하다. 아이의 뇌에 백신 프로그램을 설치해주는 사람이 바로 부모다. 부모가 깔아주는 백신 프로그램은 '괜찮다' '잘한다' '좋다' 등의 긍정적인 멘트다. '넌 못생겼어!' 하는 바이러스 정보가 들어왔을 때, '어, 내가 못생겼나?' 하고 잠깐 흔들리다가 어려서 부모가 준 백신 정보인 '예쁘다'가 떠오르면서 '아냐! 난 예뻐!' 하면서 바이러스를 제거한다. 남들이 '넌 안돼!' 해도 부모가 깔아준 백신 프로그램이 작동해서 '아냐! 난 할 수 있어!'라고 한다.

부모가 백신 프로그램을 깔아줘야 하는데 오히려 아이 뇌에 바이러스 정보를 입력한다면 어떨까? '못났다' '한심하다'와 같은 부정적인 정보를 반복 주입하면 아이의 뇌는 바이러스가 침투한 뇌가 된다. 컴퓨터에 바이러스가 침투하면 어떻게 되나. 제대로 된 정보를 입력해도 엉뚱하고 이상한 내용이 뜬다. 마찬가지로 바이러스 먹은 뇌는 '내 얼굴?' 하고 치면 '못생겼다'라고 뜬다. 누가 '예쁘다'고 칭찬하면 '아닐 거야, 아닐 거야' 하다가 '놀리는군'이라는 정보가 뇌에서 출력된다. 누가 '잘했다'고 하면 '그럴 리가, 그럴 리가' 하다가 '못 믿겠어'라는 정보가 나타난다. 바이러스 걸린 아이의 뇌는 좋은 정보를 입력해도 나쁜 정보가 출력된다.

아이 뇌를 고장 내는 바이러스 말들이 있다. 비하, 경멸, 비교, 비난, 모욕, 부정의 말들이다. '한심이' '바보' '멍청이' '네가 할 줄 아는 게 뭐 있다고' '형편없어' '누구는 잘하는데' '너 때문에' 등등. 세상에는 두 종류의 부모가 있다. 아이 뇌에 바이러스를 주입하는 부모, 아이 뇌에 백신을 깔아주는 부모. 나는 어느 쪽인지 돌아보자.

• •

청소년 자녀에게 이 말은 꼭

아이들은 부모가 모르는 사이에 자기만의 사건 사고를 겪어내고 있다. 우리가 어릴 때 겪어봐서 알듯, 아니 요즘 아이들은 어쩌면 더 강도 높게 갈등을 치러내며 힘겨워한다. 그런데 부모에게 그런 말을 잘 안 한다. 부모 마음이 힘들까 봐 차마 얘기를 못 하고, 말해봤자 소용없다는 생각에 안 하기도 한다. 그래서 특히 청소년 자녀를 둔 부모는 가끔씩 이렇게 이야기해줘야 한다.

"너 힘든 일 있으면 꼭 엄마한테 얘기해줘야 돼. 엄마 마음 아플까 봐 얘기 안 하면 안 돼, 알았지? 너로 인해 엄마가 마음 아픈 것은 당연한 엄마 몫이야. 그게 엄마의 직업이야. 엄마 힘들까 봐 말 안 하는 것은 엄마한테 엄마 노릇 하지 말라는 소리나 마찬가지야. 청소하시는 분께 고생하니까 쓰레기 치우지 말라고, 의사한테 힘드니까 수술하지 말라고 하는 것과 똑같아. 특히 '내가 이 이야기 하면 엄마는 놀라서 쓰러질 거야' 할 정도의 얘기라면 더더욱 꼭 말해줘야 돼. 하나 더, '엄마한테 이야기해도 답이 없을 거야' 싶을 때도 꼭 말해야 한다. 약속해줘. 이 두 가지 경우에는 잊지 않고 반드시 엄마에게 말한다고. 그리고 엄마도 약속할게. 네가 얘기해주면 그때만이라도 엄마 노릇 정말 잘할게. 너를 이해하고 함께 답을 찾으려고 정말 노력할게. 알았지? 약속!"

6부

코칭

엄마 코칭의
문제점

· ·

감시하고 관리하고

자녀의 모든 면을 교육하고 관리하는 엄마를 '코칭 엄마'라고 하자. 특히 여기서 말하는 코칭 엄마는 자녀의 생활과 정신에 깊숙이 개입하는 '적극적인 코칭 엄마'를 의미한다.

많은 육아서가 엄마가 자녀에게 다음과 같은 것들을 길러주라고 말한다. 공부 습관, 독서 습관, 친구 사귀는 능력, 꿈, 상상력과 창의력, 언어 능력, 사회성, 발표력, 표현력, 공감 능력 등등. 이와 관련해 소위 '엄마력'을 강조하지만 여기에는 큰 문제점이 있다. 우선 엄마가 자녀의 모든 면을 향상시킬 수 있는 능력을 갖고 있지 않다는 것이다. 그리고 엄마가 아무리 능력자라고 해도 아이가 따라갈 수 있을까? 엄마력을 강조하는 엄마 만능주의는 문제다. 해도 문제, 안 해도 문제다. 다 하려면 고생이고 안 하자니 직무 유기 같아 불안하다. 괜히 평범한 엄마만 불량 엄마 되고 죄책감 엄마 될 뿐이다.

적극적인 코칭이 오히려 아이에게 독이 될 수 있다. 적극적인 코칭은 한마디로 '관리력'이다. 공부만 관리하는 게 아니다. 말하기, 감정 표현, 친구, 독서, 놀이, 습관 등 모든 면에서 아이에게 손을 댄다. 관리력에는 '감시'가 따른다. '관찰'이라고 하지 않고 '감시'라고 한 데에는 이유가 있다. 관찰은 '객관적으로 바라보기'이고 감시는 '부정적으로 바라보기'다. 자녀가 잘하고 있는지, 문제는 없는지 하는 시선으로 보기 때문에 감시라고 한 것이다. 안테나를 높이 올리고 자녀의 일거수일투족을 포착한다. 관찰로 시작했어도 어느 틈에 감시로 변한다. 엄마는 이런 행동이 습관처럼 익숙해져서 자기가 '감시 엄마'인지 전혀 알아차리지 못한다.

엄마력이 클수록 아이의 자발성은 당연히 작아진다. 코칭 엄마가 문제라고 그렇게 강조해도 남들 얘기라고 생각한다. 자신은 아이를 누구보다 사랑하니까 '나는 아냐'라고 생각한다.

이제 적극적인 코칭 엄마의 다른 이름들을 만나보자.

정답 엄마, 오답 사랑

부모는 다 안다. 그것이 문제다. 아이가 하는 걸 보면 무엇이 문제인지, 어떻게 해야 할지 알기 때문에 가만있질 못한다. 아이가 처음으로 배스킨라빈스에서 아이스크림을 산다고 가정해보자. 아이가 하늘색 페퍼민트를 고른다. 엄마는 그 맛을 안다. 아이가 그 싸한 맛을 별로 좋아하지 않을 것도 안다. 그래서 말해준다. "저건 입 안이 화해서 너한테 안 맞아." 이번에는 아이가 갈색 커피 맛을 고른다. 그걸 본 엄마가 "커피 맛은 어른들 입맛에나 맞는 거고 너는 그 맛 안 좋아할 거야" 하면서 다른 걸 고르라고 한다.

정답 엄마가 주는 사랑은 정답 사랑이다. 어떤 아이스크림이 무슨 맛을 내는지, 어떤 책을 읽어야 하는지, 어떤 친구가 좋은 친구인지… 엄마 말대로만 하면 된다. 그러면 인생이 행복할까?

엄마의 정답 사랑은 아이에게는 오답 사랑이다. 크게 두 가지 면에서 오답 사랑이다. 하나는 아이의 자발성과 창조성을 죽인다. 아이가 자기 뜻대로 페퍼민트와 커피 맛을 골랐다고 하자. 페퍼민트 맛을 보고 "으으, 입 시려!" 하고 더 이상 먹지 않았다. 또 커피 맛을 보고 "에이, 써!" 하고 인상을 찡그렸다. 자기가 고른 두 가지 맛이 결국 실패로 돌아갔다. 그러고 한참 지나 아이스크림을 고르려는데 예전에 맛보았던 화한 맛과 쓴맛이 떠올랐다. '음, 나는 이 맛이 별로 안 좋았는데… 그럼 이 두 가지 맛을 섞어 먹으면 어떨까?' 하는 생각이 들었다. 실패했던 맛을 통해 새로운 맛이 떠오른 것이다. 그래서 두 가지 맛을 섞어본다. 이게 자발성이고 창조성이다. 자발성과 창조성은 수많은 실패의 경험에서 꽃핀다. 실패의 경험이 고통만 남기고 흔적도 없이 사라지는 것이 아니라 몸 어디엔가, 마음속 어디엔가 숨어 있다가 때가 되면 새로운 모습으로 나타난다. 엄마가 아이의 실패 경험을 차단하면 아이는 자발성과 창조성의 에너지를 얻지 못한다.

엄마의 정답 사랑이 오답인 또 하나의 이유는 '엄마가 골라준 정답'이기 때문이다. 마치 시험 볼 때 엄마가 정답을 골라주는 것과 같다. 아이는 답을 고를 때면 엄마가 필요하다. 정답 사랑은 인생의 시험 문제를 스스로 풀 수 없는 아이를 만든다.

엄마는 아이가 고른 오답이 새로운 정답이라는 걸 모른다. 아이는 자기가 고른 오답을 세상의 정답으로 만드는 힘을 갖고 있다. 똑같은 정답만 있었다면 세상은 변하지 않았을 것이다. 오답이 정답이 되었기에 세상은 바뀌어왔다. 엄마는 아이의 오답 속에서 새로운 정답이 탄생한다는 믿음을 가져야 한다. 때로 결과가 뻔해도 아이의 선택을 지켜볼 수 있어야 한다. 물론 쉽지 않다. 아이의 오답을 위해 엄마의 정답을 버릴 수 있을까? 열에 한 번이라도 그 노력을 하는 게 진정한 엄마력이다.

정답 엄마가 자연스럽게 '교정 엄마'가 된다. 아이가 틀리니 교정해줘야 한다. "이러면 이렇고 저러면 저러니 요렇게 해야지"를 입에 달고 산다.

$$\bullet \; \bullet$$

가르침 병 엄마, 놀이도 공부처럼

여름에 해운대 바닷가에 놀러 갔다. 사람들이 많아 파라솔들이 다닥다닥 붙어 있다. 옆 파라솔에 유치원생 정도 된 아이가 바다에서 신나게 놀고 와서는 수박을 먹고 있다. 옆에 있던 엄마가 말한다. "우리 아들, 파도타기 잘하고 왔어? 그런데 왜 파도가 왔다 갔다 할까?" 아이는 대꾸 없이 수박만 집어먹는다. 엄마가 다시 말한다. "너 밀물 썰물이 뭔지 아니?" 엄마는 수박 먹는 아들에게 밀물 썰물을 가르치고 싶은가 보다.

이 좋은 바닷가에서 왜 엄마 머릿속에 밀물 썰물이 등장할까? 가르침 병 때문이다. 가르치겠다는데 뭐가 문제냐고? 그러면 엄마와 아이의 만남이 순수할 수가 없다. 담백하지 않다. 바다에 놀러 왔으면 바다를 만나는 게 순수한 것이다. 즐거운 바다, 신나는 아이, 그리고 그걸 즐기는 엄마. 이것이 제대로 된 만남이고 순수한 만남이다. 아이는 바다를 만나고 있는데 엄마는 밀물 썰물이라는 지식을 만나고 있다. 아이는 재미를 만나고 있는데 엄마는 공부를 만나고 있다. 엄마가 불순한 것이다. 가르치는 엄마는 바다도 불순하게 만들고 아이도 불순하게 만든다. 엄마의 이런 태도가 반복되면 아이는 엄마를 점점 멀리하게 된다. 아이의 순수한 세상에 엄마의 불순한 의도가 들어오니 아이가 좋아할 리 없다. 엄마의 부드러운 말 속에서 가르치려는 의도를 느낀다. 엄마가 입을 여는 순간 아이는 귀를 닫는다. 이 엄마의 대화는 기승전'가르침'이다. 엄마가 시도 때도 없이 가르치려고 하면 아이는 배우는 것을 싫어하는 아이가 된다. 배움의 핵심은 호기심이다. 호기심도 없고 준비 안 된 아이한테 지식을 넣어주려는 건 배가 고프지도 않은데 먹고 싶지 않은 채소를 억지로 먹이는 것과 같다. 아이가 물어보기 전에 엄마가 먼저 질문하지 않는 훈련을 해야 한다.

다 해주는 엄마, 떠먹이는 손

엄마의 입과 손이 참지를 못한다. 아이가 뭘 하려고 하면 어느새 말과 손이 나간다. 아이가 신발을 신으려고 할 때 짝짝이로 신을까 봐 아이 발 앞에 좌우 신발을 가지런히 놓아준다. 또 아이가 퍼즐 조각 맞추기 놀이를 하면 엄마가 "아니! 그건 거꾸로 돌려야지!" 하고 코치를 한다. 그러다 안 되면 아이 손을 부여잡고 자기가 대신 맞춘다. 못 할까 봐, 틀릴까 봐, 힘들까 봐 해준다.

식당에서 본 장면이다. 엄마가 초등학교 1, 2학년쯤 된 아들과 돈

가스를 먹고 있다. 아이는 줄곧 스마트폰만 들여다보고 있고 엄마는 돈가스를 자르고 포크로 찍은 다음 소스를 묻혀서 아이 입에 넣어준다. 아이는 입만 벌리고 받아먹는다. 이번에는 엄마가 양배추 샐러드를 숟가락에 얹어 입에 넣어주려고 하니까 아이가 고개를 젓는다. 여전히 스마트폰을 보면서. 엄마가 "채소도 먹어야지" 하고 다시 입으로 가져다준다. 아이는 입을 꾹 다물고 고개만 젓는다. 엄마가 숟가락을 내려놓고 다시 돈가스 조각을 포크로 찔러서 아이 입에 넣어준다. 식사 끝날 때까지 아이는 한 번도 포크를 손에 쥐지 않았다.

이런 풍경이 낯설지 않다. 어느 초등학교 선생님 말씀이, 초등학교 1학년 아이들 중에는 요구르트 껍질도 못 벗기고 병뚜껑도 돌려서 못 여는 아이들이 있다고 한다. 엄마가 해주는 것에 길들여진 아이는 자기 손으로 안 하는 게 당연하다. 아이가 더 크면 공부 때문에 모든 일에서 면죄부를 준다. 공부하니까 방 청소 대신 해주고, 공부하니까 엄마가 자녀 심부름해주고, 학원 가야 하니까 할머니 생일 모임에도 빠진다. 공부 말고는 책임질 일이 없다.

몸을 안 쓰는 세상이다. 기계 문명이 발달하면서 몸으로 직접 하는 일이 엄청나게 줄었다. 그런 데다 엄마까지 아이의 몸을 대신한다. 학교 가는 아이의 가방을 들어주고, 걸어서 5분 거리도 차로 태워다 준다. 아이가 이렇게 자기를 위해서도 몸을 안 쓰는데 남을 위해서 몸을 쓰고 싶겠는가.

그렇게 몸을 안 쓰면 편하고 행복할까? 몸을 안 쓸수록 역설적으로 더 불행해진다. 편한 것에 길들여지니 조금만 몸 쓸 일이 있으면 불평불만이고, 쉽게 지치고 금방 포기한다. 몸을 많이 써야 마음이 성장한다. 몸이 힘들면 마음이 힘을 내서 견디게 되니 마음의 맷집이 커진다. 그리고 남을 위해 몸을 쓰려면 먼저 마음을 내야 한다. 당연히 마음이 넓어진다.

부모는 자녀가 어릴 때부터 남을 위해 자기 몸을 쓰는 훈련을 시켜야 한다. 그래야 재수 좋은 아이가 된다. 남에게 내 몸을 써야 덕이 쌓이고 사람이 들어오고 운이 들어온다. 남을 위해 몸을 쓰는 아이가 세상에 좋은 일을 하고 세상의 리더가 될 수 있다. 엄마는 자녀를 공부시키는 능력 대신에 청소시키고 설거지, 심부름시키는 능력이 필요하다. 그게 진짜 엄마력이다.

엄마가 다 해주면 아이는 이렇게 된다. 자기 할 일을 안 하는 아이, 책임지지 않는 아이, 부모 탓하는 아이, 자발성이 떨어지는 아이, 독립심이 뭔지 모르는 아이. 나 몰라라 하는 아이, 부모 등에 업혀 사는 아이. 엄마가 해준 게 뭐가 있느냐고 억울해하는 아이.

엄마가 안 해주는 훈련을 해야 한다. 과거에는 가족 구성원 수가 피라미드 형태를 이루었지만 지금은 거꾸로 된 피라미드다. 심지어 일가친척 통틀어 아이가 딱 한 명인 집도 많다. 그렇다 보니 할머니, 할아버지, 이모, 삼촌까지 아이 하나에 신경을 집중한다. 그러니 아무리 안 해준다고 해도 엄청 해주고 있는 것이다. 더 안 해주는 훈련을 해야 한다.

스케줄 엄마, 시간에 갇히다

가족이 계곡으로 물놀이 왔다. 아이가 얕은 물웅덩이에서 신나게 물장구치고 놀고 있다. 신나게 노는 아이를 보면서 엄마는 생각한다. '애가 피곤할 테니까 집에 가면 한 시간 정도 잠을 재우자. 그리고 깨워서 수학 학습지를 풀게 하고, 그다음에 나랑 영어 듣기를 같이 해야지. 아, 오늘 한자도 하는 날이구나. 시간이 안 될 거 같은데…. 나도 조금 피곤한데….'

즐겁게 물놀이하는 아이를 보면서 엄마는 집에 가서 아이와 할 일을 고민하고 있다. 아이는 집에 가서 자기가 어떤 시간표에 따라 움직일지 전혀 모른 채 신나게 놀고 있다. 엄마가 즐겁게 노는 아이를 스케줄이라는 거미줄로 묶고 있다. 아이만 묶는 게 아니라 엄마 자신도 묶는다. 즐거운 순간에 왜 이 엄마는 유체이탈해서 미리 학습시킬 고민을 할까. 아이처럼 아무 생각 없이 이 시간을 즐기면서 '집에 가면 맥주 한 잔에 밀린 드라마나 볼까' 하면 그만인 것을….

엄마 머릿속이 아이의 스케줄로 꽉 차 있다. 엄마는 그게 문제인 줄도 모른다. 당연하게 여긴다. 그 스케줄이 아이 인생을 위한 스케줄일까? 엄마 인생을 위한 스케줄일까?

스케줄이라는 시간의 감옥에 아이를 가두지 말자. 공간 감옥보다 시간 감옥이 더 무섭다. 보이지 않기 때문이다. 엄마도 감옥인지 모르고 아이도 감옥인지 알지 못한다. 모르는 감옥에 갇혀 있으니 이유 없이 아이가 시름시름 앓거나 벗어나려고 발버둥 친다. 엄마 머릿속의 계획표를 찢어버릴 수는 없을까?

● ●

작전 엄마, 의도를 숨긴 쇼

적극적인 코칭 맘 중에 제일 위험하지만 잘 드러나지 않는 스타일이 있다. '작전 엄마'다. 아이를 위해 아이 몰래 작전을 짜는 것이다. 아이는 그 작전을 모른다. 고도의 비밀 작전이기 때문이다.

자녀 교육서를 보면 '소심한 아이 당당하게 키우는 법'이라며 이런 조언이 있다. '소심한 아이와 놀 때는 아빠가 큰 동작으로, 소리도 크게 내서 놀아주는 게 좋다.' 아빠가 놀아주는데 그 속에는 '소심한 아이 교정하는 훈련'이 숨어 있다. 아이는 아빠한테 속았다. 아빠가 자기랑 재미있게 놀고 있다고 생각했는데 사실은 자기를 교정하고 있었던 것이다. 멀쩡한 아이를 환자로 만들어버렸다. 부모가 놀이치료를 하고 있으니 아이는 무의식적으로 환자가 된 셈이다. 지나친 비약 아니냐고 할지 모르지만 사실이 그렇다. 차라리 그냥 솔직하게 얘기하면 안 되나? "네가 소심한 거 같아서 너 대범해지라고, 어색하지만 큰 목소리로, 큰 동작으로 노는 거야" 하고. 그 얘기를 들은 아이 심정이 어떨까?

또 이런 조언도 볼 수 있다.

아이가 발표력이 떨어진다고 생각되면 아이가 '눈치 채지 못하게' 자연스럽게 말하기 연습을 시켜주세요. 그래야 자존감이 손상 안 돼요. 아빠도 엄마도 일부러 말을 많이 해주세요. 부모가 자기 표현을 많이 하면 아이도 표현이 늘어요. 그리고 가능한 한 많은 단어를 쓰세요. 어휘력이 늘면 발표력도 는답니다.

아이 발표력 높여준다고 부모가 일부러 말을 많이 한다? 그건 순수한 대화가 아니다. 대화 속에 아이를 교정하고 발달시키려는 의도를 숨기고 있다. 부모는 이런 행동을 '자녀 교육'이라고 하겠지만 사실은 '꼼수' '술수' '작전' '모의' '공작'이라고 하는 게 옳다. 아이는 부모가 자기와 대화한다고 생각하지, 그런 속셈이 있는 줄 전혀 모른다. 속고 있는 것이다. 아이에게 차라리 솔직하게 얘기하자. "네가 발표력이 없어서 엄마 아빠가 일부러 말을 많이 하고 안 쓰던 단어도 쓰는 거야" 하고. 아이에게 그렇게 솔직하게 이야기하려니 이상한가? 그런 이상한 짓을 왜 아이 몰래 하나?

이런 엄마도 있다. 아이한테 의사 꿈 심어주겠다고 아는 의대생에게 부탁해서 우연히 카페에서 만난 척하고 아이랑 대화하게 만든다. 이게 무슨 스파이 접선인가? 그뿐인가. 좋은 학원이 있는데 아이가 안 가려고 하니 옆집 전교 1등 하는 애한테 그 학원 좋다고 말 좀 해달라고 부탁한다. 내가 시켰다는 말 하지 말라면서. 이 무슨 비밀 작전인가?

작전을 짜면 자녀와 노는 것도 쇼가 되고 자녀와의 대화가 거짓이 되고 자녀와의 만남이 위선이 된다. 내가 자녀에게 어떤 말이나 행동을 할 때 그 속에 숨은 의도가 있는지 잘 살펴봐야 한다. 선의의 음모라서, 사랑의 음모라서 자신도 알아차리기 쉽지 않기 때문이다.

엄마의 작전에 길들여지고 농락당한 아이가 어떻게 자발성과 창의성이 넘칠까. 엄마의 손바닥 안에서 논 아이가 어떻게 세상에 영향을 주고 세상을 바꿀 리더가 될까? 이 아이는 나중에 커서 엄마가 무슨 말을 하면 뭔가 꿍꿍이가 있지 않을까 의심한다. 엄마가 뭐 하자고 하면 화부터 낼 수도 있다. 본능적으로 또 어떤 술수를 부린다고 느끼기 때문이다. 작전 엄마는 나중에 아이에게 이런 말을 듣게 될 것이다. "엄마는 날 갖고 놀았잖아!" "나를 뒤에서 조종했잖아!" 그럼 엄마는 이렇게 말할 것이다. "다 너를 위해 한 일이야~"

코칭 맘의 다른 이름이 정답 엄마, 가르침 병 엄마, 다 해주는 엄마, 스케줄 엄마, 작전 엄마다. 이런 역할 하느라 엄마가 고생한다. 하지만 아이는 알게 모르게 더 고생한다. 심하면 병든다.

병적 친밀로 맺어진 관계

정답을 주고 스케줄 짜고 알아서 다 해주는 엄마, 그 엄마에 길들여진 아이. 이러면 병적 관계가 되기 쉽다. 자녀가 성인이 돼서도 부모와 건강하게 분리가 되지 않는다. 이런 관계를 정신의학 용어로 '병적 친밀(pathologic bonding)'이라고 한다. '둘이 본딩되었다'라고도 표현하는데 본드로 붙인 듯이 딱 달라붙어 있다는 뜻이다. 둘 사이가 좋은 것 같지만 사실은 집착과 의존의 병적 관계다.

적극적인 코칭 맘 역할은 자녀가 어릴 때에서 그치지 않는다. 아이가 대학에 들어가면 엄마는 20년 직장, 즉 자녀 관리라는 직장을 잃을 위기에 처한다. 이때 '빈 둥지 신드롬'이 나타난다. 갑자기 삶의 의미가 사라지고 공허해진다. 그래서 엄마는 은퇴를 하지 않고 자녀가 대학을 가고 사회에 나가도 계속 매니저 역할을 한다. 어느 대학병원에는 수련받는 레지던트의 엄마들 모임까지 있다. 이 모임은 해당 병원에서 자녀들이 불이익을 받지 않도록 압력 단체 역할을 한다. 초등학교 때 실력 행사하던 엄마 모임이 자녀 나이가 서른이 다 되도록 계속되는 것이다.

병적 관계는 의존과 독립, 순종과 반항, 사랑과 미움이 복잡하게 얽혀 있다. 마마보이도 이런 병적 관계의 하나다. 독립적으로 생활해야 할 청년이 매사에 엄마에게 물어보고 엄마에게 의존하고 어려운 일 생기면 엄마가 나서서 해결해준다. 그러면서 아들은 '왜 엄마는 항상 나를 구속하느냐'고 징징거리고 엄마는 '왜 너는 다 커서도 엄마를 힘들게 하느냐'고 잔소리한다. 악순환이다.

이런 병적 관계가 사회 현상으로 나타난 것이 캥거루족이다. 어려서는 엄마가 아이를 붙잡고 놓지 않았지만 커서는 자녀가 엄마 품에서 나오지 않는다. 어른이 된 자식을 품에 안고 사는 엄마, 시야와 머릿속에 아이를 집어넣고 사는 엄마, 언제까지고 엄마 품에서 사는 아이, 슬픈 사랑이고 슬픈 삶이다.

쇼윈도 모자(모녀)도 많다. 쇼윈도 부부처럼 겉으로는 사이가 좋지만 속으로는 곪아 터진 엄마-자식 관계다. 상담소를 찾는 엄마와 자녀들 가운데 겉보기에는 자녀가 공부 잘하거나 좋은 대학 가서 폼나지만 속으로는 병든 케이스가 아주 많다. 강박증 치료를 받는 전교 1등 아이, 명문대 다니는 딸이 자기를 원수같이 본다며 우울증에 걸린 엄마 등등. '엄친아'를 너무 부러워 말자. 들여다보면 엄마-자녀 관계가 다 깨졌거나 아이가 심리적으로 병들어 있는 경우가 허다하다.

• •

최선을 다하지 말자

아이에게 최선을 다하면 안 된다. 자신에게 최선을 다해야 한다. 아이는 엄마 삶의 중요한 일부일 뿐, 삶의 전부가 아니다. 그렇게 다짐

해야 나도 잘 살고 아이도 잘 산다. 아이에게 최선을 다할 게 뭐가 있나? 공부에? 건강에? 아이 성격에? 엄마가 노력해서 얼마나 도움이 될까? 자신을 돌아보자. 엄마가 독서 습관 안 들여줘서 책을 안 읽나? 엄마가 공부 습관 안 들여줘서 공부 못했나? 엄마가 문장 짧게 말해서 말을 잘 못하나? '엄마가 할 수 있다' '엄마가 해야 한다'에서 빠져나와야 한다. 엄마가 먼저 탈출해야 한다. 그래야 아이를 구할 수 있다.

삶은 해프닝이다. 인생을 내가 다 통제할 수 있는 게 아니다. 해프닝의 다른 말이 운명이다. 아이에게는 아이의 운명이 있다. 엄마가 아이의 운명에 손댈 수 없고 아이의 사명을 바꿀 수 없다. 엄마는 아이의 숨은 운명의 비밀을 모른다. 엄마 자기 인생의 비밀도 다 풀지 못했고 앞으로 어떻게 될지 모르지 않나. 그래서 인간은 기적이고 삶은 신비한 것이다. 신비한 아이, 미지의 아이, 숭고한 아이에게 너무 손대지 말자.

엄마력이라는 단어를 내려놓아야 한다. 아이는 내 것이 아니라 세상 것이다. 품에 아이를 꼭 껴안고 있지 말고 저 넓은 세상으로 보내야 한다. 그것이 엄마의 사명이다. 내 아이, 엄마 품에서 안전하게 살라고 태어난 것이 아니다. 저 넓은 세상의 바다에 나가 파도를 넘고 폭풍을 견디며 멋진 인생을 살라고 태어났다. 그게 아이의 인생이다. "세상으로 가라! 가서 그들을 사랑하고 그들을 위해 살아라!" 아이의 등을 두드리며 세상으로 보내야 한다.

2

좋은 엄마
코칭법

• •

심리 치료의 3대 요법

엄마의 코칭법을 설명하기 위해서 먼저 심리학에서 사용하는 치료 방법을 소개해보겠다. 심리 치료 행위도 내담자의 마음과 행동을 변화시키는 것이니 일종의 코칭이라고 할 수 있다.

세상에는 수많은 심리 치료법이 있지만 그 요법들은 크게 세 영역으로 나눌 수 있다. 행동 치료, 정서 치료, 인지 치료다. 각 요법의 원리는 다음과 같다.

행동 치료는 '행동을 바꾸면 사람이 달라진다'를 전제로 한다. 몸을 직접 움직여서 경험을 통해 문제를 해결하는 방법이다. 쉽게 말해 '해보면 알아'다. 다음으로 정서 치료는 '마음이 바뀌면 사람이 달라진다'는 원리다. 마음을 안정시키면서 힘을 주는 방식이다. '네 마음이 그랬구나' 하면서 안심과 용기를 준다. 마지막으로 인지 치료의 전제는 '생각이 바뀌면 사람이 달라진다'이다. 이론적으로 옳고 그름을 파악하도록 해서 변화를 유도한다. '아. 내 생각이 틀렸구나' 하면서 마음을 바꾸게 하는 것이다.

이 세 가지 요법 모두 효과가 있다. 몸, 마음, 생각 중에 어디에 더 중점을 두느냐의 차이다. 엄마가 평상시에 무심코 사용하는 코칭법도 알고 보면 이 3대 심리 치료법에 포함된다. 사례를 통해 살펴보자.

어린이집에서 생태 마을 탐방을 갔다. 병아리들이 한곳에 옹기종기 모여 있는 걸 보고 아이들이 몰려가서 재미있게 구경한다. 그런데 네 살짜리 어떤 아이는 뭐가 무서운지 엄마 뒤에 숨어 멀찍이서 본다. 엄마가 아이에게 말한다.

"○○야, 너도 가서 구경해."

아이는 더 찰싹 엄마 옆에 붙는다.

"어? ○○가 병아리 무서워하는구나." (정서 치료)

"괜찮아. 저것 봐. 병아리는 부리도 아주 작고 힘도 없어. 조그맣고 어리잖아. 하나도 안 무섭다고." (인지 치료)

아이가 그래도 싫다고 몸을 흔든다.

"아냐, 하나도 안 무서워. 엄마랑 같이 만져보자."

엄마가 아이 손을 잡고 아이들 속으로 데리고 간다. (행동 치료)

부모들이 이렇듯 자신도 모르게 자녀 교육에 3대 요법을 사용하고 있다. 그런데 이 방법이 어떤 때는 효과가 있지만 어떤 때는 그렇지 못하고 오히려 부작용이 생긴다. 왜 그럴까?

● ●
기질과 타이밍에 맞게

인간이 특정 행동을 잘하기 위해서는 두 가지 요소가 필요하다. '기질'과 '타이밍'이다. 아이들은 기질이 천차만별이다. 빠른 애 있고 느린 애 있고, 호기심으로 곧장 뛰어드는 아이가 있는가 하면 조심조심 눈치 보는 아이가 있다. 기질만 다른 게 아니라 각자가 꽃피는 시기도 다르다. 그 꽃이 언제 필지는 알 수 없다.

3대 심리 치료법을 아이의 기질과 타이밍이 안 맞는 상황에서 쓰면 실패하기 십상이다. 할 마음이 없는 아이한테 '이건 이렇고 저건 저러니까 네가 이렇게 해야지' 하는 인지 요법은 잔소리가 될 뿐이다. 병아리가 아무리 안 무섭다고 인지적으로 설명해도 아이한테는 무서운 수탉처럼 보일 수 있다. 정서 요법은 어떨까. "응, 그랬구나" 하는 정서 요법은 그 말 뒤에 이어질 "하지만 말야, 다른 애들은 다 잘 놀잖아. 너도 가봐" 하는 엄마의 뜻을 관철하기 위한 사전 작업 멘트로 전락한다. 마지막으로 행동 요법의 경우, 아이가 준비 안 된 상태에서 실행하면 강요와 처벌이 된다. 아직 마음에 준비가 안 된 아이를 병아리들 속으로 끌고 들어가면 아이는 기겁을 하고 울어댈 것이다.

엄마가 좋은 코칭을 하려면 아이의 기질도 잘 알아야 하고 타이밍에도 민감해야 한다. 그리고 상황에 맞추어 정서, 인지, 행동을 적절하게 자극해줘야 한다. 아니, 그렇게까지 해야 하느냐고? 그렇게 하려면 엄마가 똑똑해야 하는 것 아니냐고? 걱정할 필요 없다. 좋은 방법이 하나 있기 때문이다. 간단하면서도 효과적인 코칭법을 소개한다.

• •

최고의 코칭법

엄마가 기질, 타이밍, 3대 요법 같은 것 몰라도 잘할 수 있는 쉬운 방법이 있다. 이렇게 하면 된다. '물어보고 반응하고 기회 주고 놓아주고' 하면 된다. 앞서와 같은 사례에 적용해보자.

아이 (병아리 보고 뒤로 숨는다)

엄마 병아리가 무섭니? (물어보기)

아이 응!

엄마 우리 ○○, 병아리가 무섭구나. (반응)

엄마 엄마랑 같이 병아리 만져볼까? (기회 제공)

아이 싫어.

엄마 그래. 그럼 뭐 할까? (질문)

아이 저기 가서 놀아.

엄마 어? 저기서 놀자고? (반응) 알았어. 그렇게 하자. (놓아줌)

마지막에 아이 하고 싶은 대로 하면 된다. 기회를 주고 나서 아이가 안 하거나 잘 못 해도 문제 삼지 말고 그냥 반응해주고 놔두면 된다. 중요한 건 이 상황에서 엄마는 아이에게 어떤 의도나 판단을 가지면 안 된다는 것이다. 소심하네, 겁이 많네, 잘하네, 못하네, 이런 딱지를 붙이면 안 된다. 그저 아이의 자발적 행동을 보고 반응해주고 물어보고 기회를 주고 또 반응해주면 된다. 기회를 주었는데 아이가 잘 수행하면 잘했다고 칭찬해주고, 못 하겠다면 또 그러냐고 반응해주고 아이 하고 싶은 대로 놓아주면 된다. 그러면 만사 오케이다.

이 간단한 걸 못 하는 이유는 엄마 머릿속에 '정상, 평균, 정답, 교정, 비교, 가르침, 불안, 욕망'이 들어 있기 때문이다. 이 상황에서 불안하고 걱정할 필요가 없다. 아이는 그냥 몸과 마음이 시키는 대로 반응했을 뿐이다. 그 반응은 아이에게는 가장 적절한 것이고 가장 옳은 것이자 가장 선한 것이다. 잘못된 것이 아니고 문제 있는 것도, 나쁜 것도 아니다. 어른들에게는 하나도 안 무서운 병아리지만 아이 눈에는 병아리가 무서운 수탉처럼 보일 수 있다. 앞서 본 3대

요법의 사례는 무서운 수탉으로 보고 있는 아이에게 병아리는 안 무섭다고 이해시키려 하고 엄마랑 같이 만지면 된다고 강요하는 꼴이다. 아이는 병아리가 낯선 세상이라서 두려움을 표현했을 뿐이다. 자발적 반응이다. 엄마도 아이 행동에 알맞게 반응해주면 될 뿐이다.

물어보고
반응하고
기회를 제공하고
또 물어보고
반응해주고
또 기회를 주고
놓아주고

물론 '물어보고, 반응하고, 기회 주고'는 순서가 뒤바뀔 수 있다. 순서와 상관없이 기본적으로 이 패턴을 반복하면 된다. 특히 마지막에 '놓아주고'를 잘해야 한다. 엄마가 빈 마음으로 아이의 선택에 따르는 것이다. 이것만 하면 통한다. 여기에 건강한 엄마 코칭의 모든 것이 들어가 있다. 이것만 잘해도 아이에게 공감하고 자존감을 지켜주고 자발성을 살려주는 지혜로운 엄마가 된다.

얼마 전에 대학생 아들과 뉴스를 보는데 학원 다니느라 고생하는 중학생들 이야기가 나왔다. 내가 아들에게 물었다.

"너도 중학교 때 학원 많이 다녔지?"

"네."

"아빠 기억에 너 과학 학원을 중학교 내내 다녔던 거 같은데, 그 학원이 도움 됐니?"

과학 학원이 떠오른 건 잠 많은 내가 잠 많은 아들을 일요일 아침에 깨워 학원에 픽업했던 기억 때문이다. 아들이 말했다.

"아무 도움 안 됐어요. 그냥 왔다 갔다만 했어요. 잔다고 선생님한테 야단만 맞고요."

"그럼 안 다닌다고 하지, 왜 다녔어?"

"안 다닌다고 그랬죠. 처음부터 가기 싫었는데 엄마가 한 번만 꼭 다녀보라고 해서 한두 달 다니다가 엄마한테 못 하겠다고 했어요. 그랬더니 엄마가 지금 과학 학원 안 다니면 못 따라간다고, 다른 애들도 다 하니 하라고 그랬어요. 또 얘기해봤자 엄마가 화낼 거 같아서 그냥 다녔어요."

"아빠 기억에 그때 픽업해주면서 너한테 다닐 만하냐고 물었더니 네가 다닐 만하다고 한 거 같은데?"

"네. 못 다니겠다고 하면 아빠가 엄마한테 또 뭐라 하고 두 분이 다툴 거 같아서요. 그냥 다니는 게 나을 거 같아서요."

지금 생각해보니 그 과학 학원이 특목고 잘 보낸다는 유명한 학원이었다. 제일 잘 나가는 과학 학원에서 기초 다진다고 중학교 내

내 다녔는데 아들은 수능 시험에서 화학 4등급을 받았다. 수우미양 가로 따지면 양이다. 차라리 일요일에 집에서 빈둥빈둥 쉬는 게 더 좋았겠다. 그러면 보충된 에너지로 뭘 해도 했을 텐데….

그때 이렇게 했어야 한다. "어때, 할 만하냐?" 물어보고, "아니요, 잠만 자요. 안 다녔으면 좋겠어요" 그러면 "어, 그러냐?" 반응해주고, "별로 도움이 안 되나 보구나" 하면서 엄마 마음 내려놓고 선택권을 아이에게 줬어야 한다. 쉽게 내려놓는 게 조금 섭섭하면 "아들, 한 달 정도만 더 열심히 다녀보고 그래도 아니다 싶으면 그만두자" 이렇게 다시 기회를 주면 된다. 다시 한 번 기회를 주는 이유는 아직 적응이 안 되었거나 발동이 늦게 걸리거나 등등 여러 요인이 있을 수 있기 때문이다. 그러고 한 달 뒤에 텅 빈 마음으로, 그러니까 정답 없이 물어보면 된다. "학원 다닐 만하니?" "아니요" 그러면 "응. 그렇구나" 반응하고 "그럼 네 뜻대로 해라" 하고 내려놓으면 된다.

여기서 제일 중요한 건 마지막에 놓아줄 수 있는 용기다. 많은 엄마가 마지막에 놓아주질 않고 인지 치료, 정서 치료, 행동 치료 요법으로 들어간다. "네가 힘든 건 아는데(정서) 그래도 지금 안 하면 나중에 과학 하려고 고생하잖아.(인지) 그리고 석 달치 학원비 미리 내놨다.(행동) 환불하면 손해 봐야 돼." 내려놓지 못하는 것이다. 이런 패턴이 여러 번 반복되면 그때부터 아이는 입을 닫거나 거짓말한다. "아들~ 다닐 만하니?" "네. 다닐 만해요." "힘든 거 없니?" "네. 없어요."

시키는 것과 기회를 주는 것

맘 카페에 올라온 질문이다.

한자는 언제부터 가르치면 좋은가요? 우리 딸이 여섯 살인데요.

언제 가르쳐야 할지가 엄마들의 큰 고민이다. 한글은? 영어는? 한자는? 다 때가 있는데… 타이밍을 빨리 잡으면 아이가 고생할까 봐 미안하고 늦게 잡으면 뒤처질까 걱정이다.

그럼 언제 시켜야 할까? 엄마가 아이의 기질, 소질, 타이밍을 다 파악하고 시켜야 하나? 쉬운 답이 있다. 그냥 엄마가 시키고 싶을 때 시키면 된다. 대신 이것만 명심하자. '시키는 것'이 아니라 '기회를 주는 것'이라는 마음가짐이다. '시키는 것'은 '해야만 하는 것'이라서 안 하거나 못 하면 괴롭지만, '기회를 주는 것'은 '한번 경험하게 하는 것'이니 안 하고 못 해도 편안하게 마음을 내려놓을 수 있다.

그러니 이렇게 하면 된다. 한자를 가르치고 싶다? 그냥 가르치면 된다. 한자를 배울 기회를 주는 것이다. 그다음에 만병통치 방법을 사용하면 된다. 물어보고 반응하고 기회 주고 놓아주고.

시키고 나서 물어본다. "할 만 하니?" "하기 싫어." "응, 하기 싫구나." 반응해준다. "그래. 그래도 이러이러해서 한 번은 더 해봤으면 좋겠는데….” 기회를 준다. 아이가 오케이 하면 일정 기간 해보고 다시 물어보면 된다. “어때, 할 만하니?” “힘들어서 하기 싫어.” “그래? 그럼 하지 말자.” 이러면 된다.

아니다 싶으면 마음 내려놓고 다음 기회를 노리면 된다. “이번에는 엄마가 너무 빨리 시킨 것 같다. 나중에 다시 한 번 해보자. 다음에는 재미있을 수도 있고 잘할 수도 있으니까.” 여운의 약속을 하고 엄마가 물러서면 된다. 그런데 엄마가 물러서질 못한다. 기준이 내 아이가 아니라 남들이기 때문이다. “남들 다 하는데 넌 왜 그것도 못하니? 네가 이러고 저러니 못 하지. 이걸 안 하면 어쩌고저쩌고… 들어간 학원비가 얼만데….”

엄마가 마음 내려놓기 위해서는 ‘내가 졌다’가 중요하다. 이게 또 어렵다. 엄마가 옳은데 왜 엄마가 져줘야 할까. 간단하다. 엄마가 져주면 아이가 이기기 때문이다. 아이의 자존감이 이기고 아이의 자발성이, 생명력이 이기기 때문이다. 엄마가 아이에게 져주면 아이는 세상에서 승리한다. 져줄 수 있는 힘, 이게 바로 진짜 엄마력이다.

••

내가 편해야 아이도 편하다

부모를 대상으로 한 강의 시간에 ‘자녀 교육에 영향을 미치는 요인’을 무엇이라고 생각하는지 설문 조사해보았다. 조사 결과는 다음과 같았다. 제일 중요한 요인은 아이의 기질과 소질이었고 다음으로 부모의 성격, 부부 관계, 부모의 가치관, 경제력 순으로 답이 나왔다. 뒤이어 친구나 선생님들, 교육의 사회적 유행 순이었고 엄마의 능력은 그보다도 뒤였다. 즉 부모들은 본능적으로 알고 있다. 엄마의 능력이 자녀 교육에 그리 중요한 영향을 주지 않는다는 것을.

엄마력을 발휘하기 전에 이미 아이의 기질과 가정환경으로 교육의 큰 부분이 결정된다. 엄마가 열심히 노력해도 아이에게 주는 영향은 적다는 것이다. 그러니 마음을 조금은 편하게 가져도 좋다. 엄마가 뭘 안 하면 아이가 뒤떨어지고 문제가 생길 것이라는 불안한 생각에서 벗어났으면 한다.

엄마 노릇을 가능한 한 편안하게 하자. 엄마라는 직업은 가만있어도 괴롭고 힘든 일인데 왜 더 나서서 힘들게 하나. 편안하려면 쓸데없는 일을 하지 말아야 한다. 엄마가 수다쟁이 돼야 좋다는 말에 굳이 말 많이 하려고 애쓰고, 아이 독서 습관 만든다고 읽기 싫은 책 읽고, 태교한다고 듣지도 않던 클래식 음악 듣고, 공부 습관 만든다고 아이 붙들고 앉아서 낑낑대고, 학교 엄마들 그룹에 끼어야 된다고 억지로 만나고…. 엄마가 괴로우면 아이한테도 득 될 것이 없다.

내가 못하는 것을 잘하기 어렵고 내게 없는 것을 새로 갖추기 힘들다. 독서 싫어하던 내가 아이 때문에 책 좋아하고 많이 읽을 수 있나? 내가 공감력이 없는데 공감력을 어디서 키우나? 사람들하고 지지고 볶는 거 싫어하는데 엄마 모임에 나가는 게 쉽나? 애써서 잘할 수 있다면 다행이지만 대부분 불편하다. 결과는 몸은 힘들고 마음은 괴롭고 불안과 죄책감만 늘어난다. 내가 잘 못하는 것을 억지로 따라 하면 안 된다. 내게 안 맞는다면 하지 않는 게 옳다. 또 이런 항변이 나올 것 같다. "그럼 엄마는 아무것도 하지 말고 가만있어도 된단 말인가요?" 엄마가 하고 싶은 것, 할 수 있는 것 하는 게 제일 좋다. 그렇지 않은 거라도 꼭 해보고 싶다면 하면 된다. 그 대신 안 되겠다 싶으면 빨리 쿨하게 내려놓으라는 얘기다. 자기 때문에 힘들어하고 쩔쩔매는 엄마를 보는 아이의 심정은 어떨까? 그런 엄마를 보면서 어느 자녀가 기쁘고 행복할까!

좋은 엄마는 새로 무엇을 하려는 엄마가 아니다. 아이를 위해서 무엇을 할지 고민하는 대신 무엇을 안 할지 고민하는 엄마가 좋은 엄마다. 내가 갖고 있는 것, 내가 하고 있는 것 중에서 뭘 버릴지 먼저 생각하길 권한다.

아이를 운동장에 놓아주고 놀게 하면 그만이다. 엄마는 운동장 옆 벤치에 앉아 음악을 듣든 책을 읽든 스마트폰을 하든 자기 시간 갖고 쉬자. 가끔 한 번씩 아이가 뭐 하고 노는지 보자. 신나게 놀고 있으면 흐뭇해하면 그만이다. 아이가 넘어져서 "엄마 다쳤어" 하고 까진 무릎을 보여주면 "어이구, 다쳤구나. 아프겠네" 하면 된다. 그러고 "집에 갈래?" 물어보고 "아니. 더 놀래" 그러면 "그래, 더 놀아라" 하면 된다. 아이는 자기 세계에 들어가 놀고 엄마는 엄마 세계에 들어가 놀자. 아이가 다 놀고 오면 반갑게 안아주자. 그때 아이의 세계와 엄마의 세계가 다시 만나는 것이다. 서로 자기 세계 속에서 열심히 살고 멋지게 랑데부하기. 그러면 된다.

다른 예를 들어보자. 엄마가 아이를 운동장에 데려가서 놀게 한다. 아이 대근육 발달시킨다고 사다리 같은 장난감 도구를 들고 가서 아이한테 하라고 한다. 아이가 싫다고 하면서 그냥 운동장 구석에 있는 모래판에 가서 흙장난하려 한다. "모래는 지저분하니까 갖고 놀지 마. 이리 와서 여기 올라가봐." 아이는 짜증 낸다. "싫어!" "이리 와, 엄마랑 여기 올라가자. 얼마나 재미있는데." "싫다고!" "너는 왜 만날 싫다 그러니!" 엄마가 짜증 내니 아이는 억지로 사다리에 올라간다. 옆에서 다른 아이가 와서 아이에게 같이 놀자고 한다. 그런데 엄마가 보니 애가 조금 지저분하다. 그래서 그 애랑 같이 못 놀게 아이 손 붙들고 데려간다. "엄마랑 저쪽에 가서 공놀이하자." "싫어! 나 애랑 놀래." "안 되겠다. 오늘 다 놀았으니 집에 가자." 엄마의 세계와 아이의 세계가 뒤죽박죽이다. 엄마 세계도 없고 아이 세계도 없다. 엄마도 힘들고 아이도 괴롭다. 아이를 그냥 운동장에 놔두고 알아서 놀게 하자. 그래야 아이가 자기 인생의 운동장에서 마음껏 놀 수 있다.

꼭 하나 당부하고 싶은 게 있다. 간혹 직장 맘 중에 아이 혼자 집에 놔두는 게 걱정이라 홈 CCTV를 설치하는 경우가 있다. 밖에서도 수시로 아이가 뭘 하는지 관찰하고 지시를 내린다. 홈 CCTV가 엄마 불안을 줄여줄지는 모르지만 아이에게는 치명적인 독이 된다.

'보호'와 '관찰'이라는 좋은 뜻으로 시작한 일이 아이에게는 철저한 '감시'로 다가가기 때문이다. 아이를 감시하는 엄마의 잠재의식은 '불신'이다. 아이는 하루 종일 엄마의 불신 냄새와 감시의 시선에 갇혀서 자라는 것이다. 이러면 아이는 자발성이 약한 아이, 눈치 아이가 된다.

기가 좀 센 아이의 경우는 문제 아이가 될 수 있다. 그 상황에서 자기의 삶을 살기 위해서 엄마를 속이고 몰래 뭔가 하려고 애쓰기 때문이다. 아이의 속임수는 역설적으로 자유를 찾기 위한 아이의 자발성이다. 아이의 자발성이 속임수라는 나쁜 행동으로 나타난다. 위험천만이다. 아이의 초자아도 병든다. 이런 경우 속임수를 쓰는 아이는 죄책감이 없다. 아이의 잠재의식은 '엄마가 날 이렇게 감시하는데 어떻게 해? 숨이라도 쉬고 살려면 별 수 없지' 하면서 합리화시키기 때문이다.

엄마가 밖에서까지 스마트폰으로 CCTV 영상을 보고 아이를 컨트롤하는 게 얼마나 힘든 일인가. 그냥 아이 믿고 놔두면 얼마나 편할까. 홈 CCTV는 독 중의 독이다. 그 독을 치우고 대신 엄마가 독해져야 한다. 아이한테 독한 게 아니라 엄마 자신에게 독해야 한다. 엄마 마음속에서 올라오는 불안을 독한 마음으로 죽이고, 아이가 엉뚱한 짓 하면 어쩌나 하는 불신을 독한 마음으로 찢어야 한다. 그게 진짜 엄마력이다.

엄마 십계명

지금까지 말한 것들을 토대로 엄마 십계명을 정리해봤다. 마음이 흔들릴 때, 불안할 때, 힘들 때 꼭 기억해줬으면 한다.

1. 혀를 깨물어라

잔소리 한 번 덜하고, 가르침 한 번 덜 하고, 교정 한 번 덜 하는 훈련이다.

2. 한쪽 눈을 감아라

양에 안 차고 마음에 안 드는 모습에 눈 질끈 감는 훈련이다.

3. 뒷짐을 져라

해주고 싶을 때 참는 훈련이다. 이 시대의 엄마력은 도와주는 능력이 아니라 도와주지 않는 능력이다.

4. 도리도리해라

아이에 대한 불안이 올라오면, 죄책감이 생기면, 내가 어쩔 수 없는 것에 대한 불안, 걱정, 후회, 아쉬움 등이 생기면 빨리 도리도리해라.

5. 미러링 해라

아이 감정에 거울처럼 함께 반응해주는 마음이다. 공감력과 표현력이 좋아진다.

6. 물어보고 반응하고 기회 주고 놓아주고

만병통치 코칭법이다.

7. 정답을 버려라

제일 어렵다. 아이의 수많은 오답은 새로운 정답을 만드는 과정임을 믿자.

8. 공간을 바꿔라

엄마나 아이나 새로운 세계로 들어가자. 자발성의 척도다.

9. 나답게 키워라

나는 내 아이의 최고의 엄마다. 내 스타일대로 키워라. 넘치면 줄이고 부족하면 보충한다는 마음이면 충분하다.

10. 대접한 대로 대접받는다

엄마의 마법이다. 내가 아이를 보는 그 마음으로 사람들이 내 아이를 본다.

제일 중요한 건 엄마 십계명에 대한 1도의 법칙이다. 이 모든 것이 당연히 쉽지 않다. 우선 알아차리고, 하려고 노력하고, 열에 한 번, 백에 한 번 성공하면 그걸로 충분하다. 성공 여부를 떠나 엄마의 성찰과 성장의 마음이 핵심이다. 엄마의 성찰과 성장의 마음 냄새가 아이에게 스며들어 아이도 성찰하고 성장하는 아이가 되기 때문이다.

7부

엄마의 사랑

당신이
최고 엄마인 이유

짠한 아이는 없다

엄마들이 자녀에게 주는 사랑의 모습은 다 같지 않다. 그중에 의외로 많은 경우가 '짠한 사랑'이다. 엄마 자신 때문이든 아이 때문이든 어떤 이유에서인지 아이를 보면 짠한 마음이 드는 것이다. 많은 엄마들이 이 사랑에 익숙해져 있다. 짠한 사랑이 차라리 엄마 마음을 편하게 하고 위안을 주기 때문이다. 엄마는 좋을지 모르지만 아이에게는 좋을 게 없다.

특히 아이에게 무슨 문제가 있다고 여기는 경우에 짠한 사랑에 쉽게 빠져버린다. 정신 차려야 한다. 엄마가 자신의 사랑을 잘 관찰해야 한다. 내 아이를 완전체로 보고 자랑스러운 사랑을 주고 있는지, 아니면 불완전체로 보고 불쌍한 사랑을 주고 있는지 말이다. 엄마의 사랑을 받은 아이가 짠해지고 불안해지면 안 된다.

그리고 엄마 자신의 인생이 불행하다고 아이에게 짠한 사랑을 주는 엄마들이 많다. 예를 들어보자. 부부 사이가 별로 좋지 않다. 남편이랑 싸우고서 마음이 짠하다. 고개를 돌려보니 옆에서 아이가 놀고 있다. '아이고 짠한 것….' 아이를 보면서 눈물을 흘린다. 엄마가 그러면 아이는 어떻게 될까? 즐겁게 놀고 있는 아이가 졸지에 짠한 애가 된다. 엄마가 짠하면 아이도 당연히 짠한 아이가 되어야 하나? 아니다. 엄마의 감정을 아이에게 투사한 것일 뿐이다. 왜 잘 노는 아이를 짠하게 보나? 아이에게 자기 불행을 던지지 말자.

자녀 입장에서 생각해보자. 엄마가 부부 싸움을 하고 우울해하면 아이까지 우울해져야 할까? 기분이 안 좋고 영향은 받겠지만 자녀 입장에서는 부모의 문제니까 툴툴 털어버리면 그만이다. 자기 인생은 따로 있으니까.

이혼한 경우도 마찬가지다. 자녀가 공부를 잘하고 잘 놀아도 '아이고, 불쌍한 것. 엄마가 이혼해서…' 하는 분들이 있다. 엄마가 이혼했다고 해서 아이가 불행한가? 핸디캡이 될 수는 있지만 당연한 불행은 아니다. 이혼 안 하고 남편과 원수처럼 싸우면서 사는 게 아이에게 더 좋았을까? 천만의 말씀이다. 자신이 그 상황에서 최선의 선택을 했으면 이제 자녀에게도 최선의 마음으로 대해주면 된다. '이혼'에 대한 고정 관념, '아빠 없음'의 고정 관념에서 벗어나야 한다.

그런 단어에 아무 생각 없이 지배당해서 내 아이를 '짠한 아이'로 만들면 안 된다.

엄마의 운명이 있듯이 아이의 운명도 있다. 어떤 아이는 장애를 갖고 태어나고 어떤 아이는 아빠 얼굴을 본 적도 없고 어떤 아이는 엄마 또는 아빠와 떨어져 살기도 한다. 아이는 부모의 운명을 품에 안고 태어난다. 그게 아이의 운명이다. 그 운명은 부모가 만든 것 같지만 아니다. 아이가 그런 운명을 택해서 나온 것이다. 아이가 그런 핸디캡의 운명을 안고 살아보겠다고 나온 것이다. 그러니 엄마가 죄책감을 가지면 안 된다. 물론 죄책감을 안 가지기 어렵겠지만… 그래도 죄책감을 당연히 여기고 그 속에서 허우적대면 안 된다! 아이의 운명에 대해 죄책감을 갖는 것은 엄마 몫이 아니다.

불행한 엄마 밑에서 나왔으니까 당연히 아이도 불행할 거라는 생각은 착각이다. 내가 불행하더라도 아이까지 불행한 것은 아니다. 엄마 인생이 설령 불행해도 아이에게 주는 사랑은 건강한 사랑을 주면 된다. 돈이 없다고 해서 엄마가 주는 사랑이 가난한 사랑인가? 엄마가 공부 못했다고 엄마 사랑이 꼴찌 사랑인가? 엄마가 이혼했다고 슬픈 사랑 주나?

건강한 사랑은 딱 이 한 문장으로 끝난다.

'내 아이 건강하고 행복하게 잘 살라는 믿음의 사랑.'

이 문장에 어떤 불순물도 섞을 필요 없다. 여기에 '내가 못나서' '돈이 없어서' 같은 게 들어갈 필요가 없다. 아이를 있는 그대로 믿어주고 사랑해주면 된다. 성격, 돈, 좋은 환경 없어도 건강한 사랑은 언제든지 할 수 있다. 아이를 보면서 짠한 사랑이 느껴지면 도리도리하고 털어내자. 명심하자. 아이는 짠한 사랑 원치 않는다.

아이는 엄마라는 운명의 바다에 풍덩 뛰어들었다. 엄마의 운명 속에서 살아가려고 나왔다. 그 아이를 그냥 받아주면 된다. 엄마라는 운명의 바다를 통해 세상의 바다로 나아가려는 아이다. 엄마의 바다에 뛰어든 저 작은 배를 그냥 엄마가 품어주면 된다. 편안하게, 있는 그대로, 사랑스럽게. 그리고 고마운 마음으로. 그러면 아이는 엄마의 상처를 통해 세상의 상처를 치유하는 멋진 아이가 될 것이다.

• •

최고의 만남, 우주적 사건

'나는 엄마 자격이 있나? 나는 문제 엄마 아닌가?' 문제 엄마와 그 엄마 밑에 태어난 불쌍한 아이. 이런 콘셉트로 아이를 키우는 엄마들이 있다. 그러면 안 된다. '내가 엄마 자격 있나' 하는 병적인 생각에서 빠져나와야 한다. 인간으로서 나는 설령 별 볼 일 없을지라도 엄마로서 나는 그 자체로 최고여야 한다. 내 자녀가 그 모습 그대로 최고이듯이 엄마도 그 모습 그대로 최고여야 한다.

엄마가 최고여야 할 이유는 단 하나다. 내가 낳은 생명을 위해서다. 그래야 내가 낳은 생명이 최고가 된다. 한 치의 의심도 없이 당신을 최고라고 생각하는 한 생명이 있다. 누가 생명을 주었는가! 그리고 누가 내 아이를 나처럼 사랑할 수 있나? 그러니 아이에게는 무조건 엄마가 최고다. 엄마를 최고라고 생각하는 아이에게 "미안하다. 엄마가 부족해서 미안해" 이러고 살면 안 된다.

엄마가 조금 불안하면 어떤가. 조금 무식하면 어떤가. 좀 가난하면, 한심하면 어떤가. 좀 게으르면, 때로 욱하면 어떤가. 그게 나다. 내 아이의 엄마다. 내가 최고가 될 수 있는 이유는 딱 하나, '엄마'이기 때문이다. 한 생명을 낳은 자, 그 생명을 위해 자기 목숨을 바치려는 자, 세상에 어디 있는가! 그러니 최고다. 내 아이의 아픔 때문에 찢어지는 고통을 느낀 적 있는가! 그 순간이 우주의 아픔이다. 한 생명에게 내 생명을 건 절체절명의 순간이다. 아이 때문에 기쁨의 희열을 느낀 적 있는가! 그것 또한 기적의 순간이다. 한 생명과 한 생명이 아무 조건 없이 만난 최고의 순간이다. 그 누구도 맛볼 수 없는 오직 둘만의 우주적 사건이고, 우주적 황홀경이다. 엄마는 이걸 맛본 여자. 오직 엄마만이 죽을 때까지 최고의 여인으로 남을 수 있다. 그렇게 생각하는 한 생명이 있기 때문이다.

이 세상에 모든 언어가 사라지는 날, 마지막에 남는 단어가 '엄마'일 것이다. 최초의 언어이자 최후의 언어다. 엄마 속에 모든 것이 들어가 있기 때문이다. 밥, 사랑, 세상, 영원, 신….

'엄마'. 누구나, 아무나 듣는 단어 같지만 그렇지 않다. 이 세상에서 오직 한 사람만 들을 수 있는 단어다. 내 아이한테서, 내 아이의 목소리로, 오직 나만 들을 수 있는 우주 유일의 단어다. 내 아이의 입에서 나오는 단 한 사람을 위한 소리, "엄마~~!" 하고 부르는 그 소리에 오직 나만이 답할 수 있다. "응. 왜?" '엄마'라는 소리를 들을 수 있고 그 소리에 답할 수 있는 당신은, 그래서 최고다.

• •
왜 태어났니

나는 이렇게 믿는다. 아이들은 자기가 세상에 나오는 것을 선택했다고. 그냥 아무것도 모른 채 태어나는 것이 아니라 스스로 이 세상에 나오길 선택했다고 확신한다. 그럼 배 속의 아이에게 세상의 현실을 말해주면 어떨까? 이를테면 다음과 같이 말이다.

아가야, 네가 태어나면 앞으로 이런 삶을 살게 될지도 몰라. 너는 장애아로 태어날 수도 있고 돈 없는 집에서 태어날 수도 있어. 네다섯 살부터 영어, 수학 배우려고 고생하기도 하고 학교에서 따돌림당할 수도 있어. 밤 10시까지 학교와 학원 뺑뺑이 돌고 공부 못한다고 엄마한테 구박받고 재수, 삼수할 수도 있지. 그렇게 해도 좋은 대학 들어가기는 어렵고 혹 들어가도 취직하려면 3, 4년은 고생해야 돼. 운명 같은 사랑 만나서 잠깐 좋을 수도 있는데 실연당해서 죽을 만큼 고통스러울 수도 있어. 그 정도면 다행이지. 교통사고 당하거나 건물이 무너지거나 불이 나서 크게 다칠 수도 있어. 결혼하면 다행인데 결혼해서도 배우자랑 안 맞아서 지지고 볶고 이혼할 수도 있고 자녀를 낳았는데 원수 같은 아이가 나올 수도 있어. 더 할 얘기가 많지만 이 정도만 할게. 네가 태어나면 이렇게 살아야 하는데 너 그래도 태어날래? 어때, 결심했니? 뭐? 세상에 태어날 마음이 있다고? 한번 살아보겠다고?

그렇게 아이는 태어났다. 우리는 아이의 탄생을 축하한다. 정말 축하할 일인가? 이런 말도 있다. '가장 좋은 엄마는 아이가 세상에 태어나지 않게 해준 엄마'라고. 생일 축하 노래 가사를 '왜 태어났니 ~ 왜 태어났니~'로 장난스럽게 바꿔 부르기도 한다. 바뀐 가사가 장난스럽게만 들리지 않는 세상이다. 그런데 아이는 왜 이 험난한 세상에 태어나기로 결심했을까? 무슨 영광을 보려고 세상에 나왔을까? 그 이유가 있다. 아이가 이 세상에 태어남을 선택한 최고의, 그리고 불변의 이유가 하나 있다. 그 이유는…

엄마, 당신을 만나고 싶어서다. 당신의 사랑스러운 눈빛을 받고 싶어서, 당신의 따뜻한 품에 안기고 싶어서. 내 이름을 부르는 당신의 부드러운 목소리를 듣고 싶어서, 나를 위해 자신의 생명을 주겠다고 결심한 한 사람을 만나기 위해서. 이 세상에 안 태어나면 내 엄마를 눈으로 볼 수 없고 손으로 만질 수 없기 때문에. 세상에 태어나 당신 한 사람을 만난 걸로 충분하기 때문에…. 그리고 어떤 고통을 겪더라도 당신이 곁에 있음을 알기에, 어떤 시련이 닥쳐도 당신이 준 사랑으로 헤쳐나갈 수 있음을 믿기에, 아무리 험난한 세상이라도 당신에게 받은 사랑으로 또 누군가를 사랑할 수 있기에, 그래서 세상에 나오기로 결심했다. 엄마, 당신을 만나고 싶어서.

내 아이를 불러서 가만히 보자. 이 아이와 비교했던 내 머릿속의 이상적인 아이, 내 욕망의 아이를 도리도리 털어내고 눈앞의 아이를 보자. 그 맑은 두 눈을 보고 보드라운 뺨을 만져보자. 그리고 마음속으로 속삭이자. '나를 만나러 이 세상에 온 아이.'

둘 사이에 아무것도 방해받지 않는 이 순간! 하늘이 둘만에게 준 이 순간! 우주 역사상 두 번 다시 있을 수 없는 이 순간! 이 순간이면 충분하다.

2

내 아이가
세상을 구한다

• •

잘 먹고살면 그만인가

정승처럼 키우면 정승이 된다고 했다. 엄마가 대접한 대로 아이는 대접받는다. 내 아이가 어떤 아이로 크기를 바라는가? 30평 아파트에 갇힌 아이로 키울 것인가, 드넓은 세상의 아이로 키울 것인가? 내 아이를 잘 먹고 잘 살았으면 하는 마음으로 키우면 내 아이는 먹고사는 걸 걱정하는 아이로 큰다. 그러면 잘해봐야 엄마 수준 정도로 먹고사는 아이가 될 뿐이다. 엄마가 크게 놀아야 한다. 엄마가 이런 마음을 갖고 아이를 대접해야 한다. '그까짓 먹고사는 건 문제가 아니다. 내 아이가 그러려고 세상에 나온 게 아니다. 내 아이는 누군가에게 따뜻한 손을 내밀어주는 사람이 될 것이다. 누군가에게 살 맛

을 주는 사람이 될 것이다. 희망이 되는 사람이 될 것이다. 세상을 구하는 사람이 될 것이다.'

엄마 무의식에서 '내 아이는 누군가에게 힘이 되는 사람이 될 거야' 하는 문장이 딱 자리 잡고 있어야 한다. 남 인생에 힘이 되는 사람은 자기 잘 먹고 잘 사는 게 문제가 되지 않는다. 그런 자잘한 건 게임도 안 된다.

내 아이가 먹고사는 게 걱정되는 아이로 보인다면 당장 엄마 마음을 바꿔야 한다. 엄마는 마법사다. 엄마의 마음을 바꾸면 아이가 바뀐다. 그렇게 마음 바꾸기가 잘 안 된다면 그건 여태까지 엄마에게 그런 철학이 없었기 때문이다. 나 먹고사는 게 팍팍해서, 남 생각할 겨를이 없어서 그런 것이다. 하도 당하고 살아서 '나만이라도 잘 살아야지' 하느라 그랬다. 그건 엄마의 과거다. 엄마의 과거로 아이의 미래까지 덮어버리면 안 된다. 지금부터 엄마인 내가 남에게 따뜻한 위로의 손을 주는 사람, 누구의 삶에 도움이 되는 사람이라는 철학을 갖자. 그게 잘 안 되면 아이라도 그런 마음 갖기를 바라자. 그래야 내 아이가 진짜 잘 먹고 잘 살고, 남도 잘 먹고 잘 살게 해주는 사람이 된다.

엄마의 무의식은 아이에게 늘 이렇게 말하고 있어야 한다.

네가 혼자 잘 먹고 잘 살려고 이 세상에 태어난 게 아니다. 네가 세상에 태어난 이유는 이웃을 사랑하고, 민족을 살리고, 인류를 구

하고, 지구를 지키기 위해서야. 네 옆에 있는 한 사람의 손을 잡아

주고 눈물을 닦아주고 버팀목이 되어주는 사람이 바로 인류를 살

리는 사람이란다. 알았지? 엄마가 이루고 싶었던 꿈인데 너는 이

룰 거야. 그래서 네가 태어난 거야.

• •

웅녀와 사라 코너

'사라 코너'라는 이름을 아시는지? 영화 〈터미네이터〉의 여자 주인

공이다. 1984년 개봉한 SF 영화 〈터미네이터〉는 시리즈로 6편까지

나왔다. 사라 코너는 미래 세상에서 기계와 맞서 싸우는 인간 저항

군의 리더 존 코너의 엄마다.

〈터미네이터〉 1편 줄거리를 간단히 소개한다. 미래 세계를 지배

하는 인공 지능 '스카이넷'이 핵전쟁을 일으켜 인류 절반 이상을 멸

망시킨다. 살아남은 인간들은 기계의 지배를 받아 노예처럼 살고 있

다. 그러나 인간 저항군의 리더인 존 코너는 기계와 전쟁을 시작한

다. 그는 뛰어난 지휘력으로 스카이넷을 위협한다. 위험을 느낀 스

카이넷은 기계 인간 터미네이터를 과거로 보낸다. 사라 코너를 죽여

서 존 코너의 탄생 자체를 막으려는 것이다. 우여곡절 끝에 사라 코

너는 살아남아 미래 인류 사령관인 아들을 잉태한다.

이렇게 1편이 터미네이터가 사라 코너를 죽이려 하는 내용이라

면 2편은 새로운 터미네이터가 어린 존 코너를 죽이려는 내용이다. 2편에는 사라 코너의 아들 교육 방식이 나온다. 사라 코너는 자기 아들을 미래 시대의 리더가 되도록 교육한다. 싸우는 법, 살아남는 법을 가르친다. 사람들은 사라 코너가 미쳤다며 정신병원에 입원시킨다. 아들 존 코너도 엄마가 자기를 정규 교육이 아닌 이상한 것만 가르치고 나중에 자기가 인류의 리더가 된다는 헛소리만 한다고 엄마를 미쳤다고 생각한다. 그는 나중에야 엄마의 생각이 옳았음을 알게 된다.

이 영화 속의 사라 코너는 예수를 잉태한 성모 마리아를 상징한다. 인류 구원자의 어머니상이다. 내가 사라 코너 이야기를 꺼낸 데에는 이유가 있다. 이 책 원고를 쓰던 어느 날 꿈에서 '웅녀(雄女)'라는 큰 글자를 보았다. 그 뒤로 내내 그 이미지가 머릿속에서 떠나지 않았다. 다들 알다시피 '웅녀'는 단군의 어머니다. 이때 '웅'은 한자로 '곰 웅(熊)'자를 쓴다. 하지만 내가 꿈에서 본 글자의 '웅'은 영웅이라고 할 때의 '雄'으로, 위대하다 또는 강하다는 뜻이다. 즉 내가 본 웅녀는 위대한 여인, 강한 여인이라는 뜻이다. 그 글자를 보고 얼마 뒤에 사라 코너가 떠올랐다.

왜 내 머릿속에 웅녀와 사라 코너의 이미지가 떠올랐을까? 아마 무의식이 메시지를 보낸 것 같다. 심리학자 융은 개인 무의식을 넘어 집단 무의식이 있다고 했다. 크게는 인류의 집단 무의식도 있지만 작게는 민족의 집단 무의식도 있다. 신화는 이런 집단 무의식의 표현으로 볼 수 있다. 단군 신화도 마찬가지다. 웅녀가 아들을 낳고 그녀의 아들인 단군은 세상을 널리 이롭게 하라는 홍익인간의 뜻을 펼쳤다.

지금 이 시대의 엄마들이 대한민국의 사라 코너가 아닐까. 미래 인류를 지키는 아이들을 키우고 있으니 말이다. 우리의 딸과 아들들이 20년, 30년, 40년 후 미래 세대에 인류와 지구를 구하는 중추적 리더가 된다는 메시지를 나는 보았다. 대한민국의 사라 코너들, 인류를 이롭게 할 자녀를 낳고 길러내는 웅녀들이 우리 엄마들이다.

대한민국의 엄마들이 얼마나 지혜롭고 강하면서 부드러운가! 세상의 이치를 정(情)으로 해석하고 정으로 연결하는 세계 최고의 휴머니스트 아닌가! 숭고한 인류애적인 희생정신으로 무장한 지혜롭고 강인한 여인들이 아닌가! 세계 최고의 여성들이다. 그리고 나는 지금 그 위대한 여성들을 향한 존경과 고마움의 헌사로 이 책을 쓰고 있다.

세상 모든 위대한
엄마들에게

70대 여성 한 분이 서울에서 전라도 나주까지 저를 찾아오셨습니다. 『엄마 심리 수업』을 읽고 저를 꼭 만나고 싶었답니다. 40대 중반의 아들이 인생의 길을 잃고 몇 년째 은둔형 외톨이처럼 살고 있기 때문이었습니다. 어려서 그렇게 착하고 똑똑하던 아들이었습니다. 전교 1등 하고 학생회장도 한 아들이었습니다. 그 어머니는 회한의 눈물을 흘렸습니다. 아들을 위해서 애썼는데 언제 어디서 문제가 생겼는지 안타까워했습니다. 자녀가 네 살이든 마흔 살이든 엄마한테는 늘 아이인가 봅니다. 그 어르신은 저에게 아들에 대해 의논하고 싶어 했습니다. 어떻게 하면 좋겠냐고. 그분의 손을 잡아주고 같이 아파하고 안타까워하는 것 말고는 딱히 해드릴 게 없었습니다. 이 말씀만 드렸습니다.

"지금 아들 모습을 최선으로 생각하세요. 말도 안 되지만 지금 내 아이의 최선의 모습이라고요. 결과야 어찌 됐든 나름대로 최선을 다해 살아온 아들입니다. 엄마에게 멋진 아들의 모습을 보이려고 애써온 삶입니다. 지금 이 모습이 실패가 아니고 최선의 모습이라고 인정해주셔야 합니다. 거기에서 시작하셔야 합니다."

그 어머니가 저에게 부탁을 하고 가셨습니다.

"선생님, 우리 아들을 위해서 기도해주세요."

대체 엄마가 뭐기에 여든이 다 된 나이에 이 먼 곳까지 알지도 못하는 저를 찾아오셨을까요. 답이 없음을 알면서도 와서 제 손을 잡고 기도를 부탁하고 가셨을까요.

엄마는 위대합니다. 남모르는 아픔을 겪고, 남모르는 슬픔을 겪고, 남모르는 절망을 겪고, 남모르는 비참함을 겪고, 남모르는 수모를 겪기 때문입니다. 아무도 모르는 위대함. 아무도 모르는 영웅. 슬픈 영웅, 아픈 영웅, 단 한 사람의 영웅… 내 딸의 영웅, 내 아들의 영웅… 엄마입니다.

엄마라는 단어 속에는 세상의 수많은 말들이 들어 있습니다. 그 중에 눈물과 아픔의 다른 말이 엄마입니다. 생명의 눈물이고 사랑의 아픔입니다. 책을 쓰는 동안 그 눈물과 아픔에 공감하며 여러 번 울었습니다. 어떤 문장을 쓸 때는 상담했던 엄마가 떠올라서 눈물을 흘렸고 어떤 때에는 한 아이가 생각나서 훌쩍였습니다.

지금까지 대한민국 어머니들께 하고 싶은 말은 거의 다 했습니다. 자녀 교육에 대한 생각을 대부분 말씀드렸습니다. 미처 못 한 말도 있지만 그것들은 굳이 활자로 남기지 않아도 행간을 통해 저절로 아시리라 믿습니다.

　엄마로 살고 있는 당신께 감사합니다. 그 눈물과 아픔에 감사합니다. 그 고통과 인내에 감사합니다. 그 희생과 헌신에 감사합니다. 당신의 눈물의 사랑에, 아픔의 사랑에, 불안한 사랑에, 희망의 사랑에, 격려의 사랑에, 그리고 믿음의 사랑에 감사합니다. 그리고 이 세상에서 우리가 당신의 아이를 만날 수 있게 해주셨기에 감사드립니다. 당신의 아이 덕분에 우리가 행복할 수 있기에 감사드립니다. 당신의 아이로 인해 이 세상이 더 빛날 수 있기에 감사드립니다. 엄마인 당신께 큰절을 올립니다.

　제가 좋아하는 「엄마의 기도」로 글을 마무리하겠습니다.

내 아이에게 중요한 순간에 현명한 선택을 하는 지혜를 주시고
그 선택이 실패했을 때 다시 일어설 수 있는 힘을 주시고
그래도 힘들어할 때 내 아이 손을 잡아줄 귀한 손을 보내주시고
누군가 쓰러질 때 내 아이가 그 손을 잡아주는 사랑을 주소서.

"엄마가 편해야
아이가 행복합니다"

엄마 심리 수업 2:실전편

1판 1쇄 펴낸날 2021년 5월 10일
1판 11쇄 펴낸날 2024년 11월 25일

지은이 | 윤우상

교 정 | 심재경

펴낸이 | 박경란
펴낸곳 | 심플라이프
등   록 | 제406-251002011000219호(2011년 8월 8일)
주   소 | 경기도 파주시 광인사길 88 3층 302호 (문발동)
전   화 | 031 - 941 - 3887, 3880
팩   스 | 02 - 6442 - 3380
이메일 | simplebooks@daum.net
블로그 | http://simplebooks.blog.me

ⓒ 윤우상, 2021
ISBN 979-11-86757-70-3 03590

이 책을 읽고 깨달은 점이나 결심한 점, 달라진 점,
새롭게 하고 싶은 것 등이 있다면 적어보세요.

....

....

....

....

....

....

....

혼들리고 힘들 때마다 펼쳐서 다시 읽어보세요.

잊지 마세요.

아이가 이 험난한 세상에 태어난 이유는 바로

엄마, 당신을 만나고 싶어서라는 것을.